Walter Simon

GABALs großer Methodenkoffer

Zukunft

Walter Simon

GABALs großer Methodenkoffer Zukunft

Konzepte, Methoden, Instrumente

GABAL

Bibliografische Information der Deutschen Nationalbibliothek

Die Deutsche Nationalbibliothek verzeichnet diese Publikation in der Deutschen Nationalbibliografie; detaillierte bibliografische Daten sind im Internet über http://dnb.d-nb.de abrufbar.

ISBN 978-3-86936-182-6

Umschlaggestaltung: Martin Zech Design, Bremen | www.martinzech.de
Umschlagfoto: Yuri Arcurs/Shutterstock Images
Satz und Layout: Lohse Design, Heppenheim | www.lohse-design.de
Druck und Bindung: Salzland Druck, Staßfurt

www.gabal-verlag.de

Inhalt

Zu diesem Buch und zur Buchreihe GABALs großer Methodenkoffer

Dieses ist der *siebte Band* in der Reihe GABALs großer Methodenkoffer. Die Gesamtreihe besteht aus folgenden Büchern:

- Grundlagen der Kommunikation
- Grundlagen der Arbeitsorganisation
- Managementtechniken
- Führung und Zusammenarbeit
- Persönlichkeitsentwicklung
- Zukunft: Grundlagen und Trends
- Zukunft: Konzepte, Methoden, Instrumente

Zu Band 6

Der *sechste* und *siebte Band* bilden eine thematische Einheit. Aus methodischen Gründen und wegen größerer Übersichtlichkeit und besserer Lesbarkeit wurde das Thema Zukunft auf zwei Bände verteilt. Wer Informationen über Megatrends oder die Aussagequalität der Zukunfts- und Trendforschung wünscht, ist mit Band 6 bestens bedient. Hier gibt es auch fundierte Antworten auf grundlegende Zukunftsfragen.

Zu Band 7

Leser, die aber sofort in medias res gehen wollen, die konkrete Fragestellungen an die Zukunft richten, denen sei Band 7 empfohlen. Hier finden sich Konzepte, Methoden und Instrumente, die die Zukunftsnavigation erleichtern. Band 6 zeigt, dass Zukunftsprognosen unsicher und fragwürdig sind. Also ist es geboten, selber die Pfade in die Zukunft auszukundschaften. Hierbei hilft Band 7.

Beide Bände bilden zwar eine Einheit, müssen aber nicht zwingend gemeinsam erworben oder gelesen werden. Wer jedoch über beide Bände verfügt, findet dank der bändeübergreifenden Querverweise schnell die ergänzenden und gegebenenfalls erklärenden Stellen im jeweils anderen Band.

Überblick über die gesamte Buchreihe

Zu Band 1

Der *Band 1* (*Methodenkoffer Kommunikation*) behandelt, auf folgender Gliederung basierend, alle relevanten Kommunikationsthemen:

- Umfassende Kommunikationsmodelle
- Teilaspekte der Kommunikation
- Besondere Kommunikationsformen und -zwecke

Der Themenbogen spannt sich von umfassenden Kommunikationsmodellen (z. B. neurolinguistisches Programmieren) über Teilaspekte der Kommunikation (z. B. Fragetechnik) bis hin zu besonderen Kommunikationsformen (z. B. Rhetorik).

Zu Band 2

Im *zweiten Band* (*Methodenkoffer Arbeitsorganisation*) werden die wichtigsten persönlichen Arbeitstechniken behandelt:

- Persönliche Arbeitsmethodik
- Lern- und Gedächtnistechniken
- Denktechniken
- Kreativitätstechniken
- Stressbewältigungsmethoden

Zeit- und Zielmanagement, Informationsbewältigung, Super-Learning, logisches und laterales Denken, autogenes Training und Meditation, das sind einige der Themen, die hier behandelt werden.

Zu Band 3

Der *dritte Band* (*Methodenkoffer Management*) stellt in vier Hauptabschnitten 40 Werkzeuge verschiedener Managementtechniken vor:

- Funktionales Management
- Funktionsintegrierende Managementkonzepte
- Qualitätsoptimierende Managementtechniken
- Strategische Managementthemen

Behandelt werden Themen wie Szenariotechnik, Nutzwertanalyse, Entscheidungsbaumtechnik, Kennzahlen, Kepner-Tregoe-Methode und Wertanalyse oder strategische Themen wie Change-Management und Lernende Organisation.

Zu Band 4

Band 4 (*Methodenkoffer Führung*) hat das Thema Mitarbeiterführung zum Inhalt. Dieses sind die Themengebiete:

- Führungslehre im Wandel der Zeit
  Human-Relation-Schule, Max Webers Führungstypologie, idealtypische (theoretische) und realtypische (empirische) Führungsmodelle, Theorie der Führungsdilemmata, Eigenschaftentheorie
- Interaktionelle Führung/Führungsaufgaben
  Ziele vereinbaren; Mitarbeiter informieren und mit ihnen kommunizieren; Mitarbeiter motivieren; Aufgaben, Kompetenzen und Verantwortung delegieren; Mitarbeiter kontrollieren; Mitarbeiter coachen oder sich selbst coachen lassen; Mitarbeiter entwickeln; Mitarbeiter gerecht beurteilen; Konflikte erkennen und lösen; neue Mitarbeiter einführen; Mitarbeiter gekonnt kritisieren
- Strukturelle Führung
  Visionen kreieren, Leitbilder formulieren, Unternehmenskultur gestalten, Führungsgrundsätze entwickeln
- Zusammenarbeit, Kooperation
  Teamwork praktizieren, Gruppenarbeit nutzen, Diversity
- Führungsmodelle und -konzepte
  Harzburger Modell, Grid-Modell, Kontingenzmodell, situatives Führen mit dem 3-D-Modell, situatives Führen

mit dem Reifegradmodell, Management-by-Techniken, Vier-Schlüsselstrategien-Modell, Wunderers Konzept der strukturellen Führung, Empowerment, Leadership

Zu Band 5

Alle fünf Bände der Buchreihe beabsichtigen, der interessierten Leserschaft Handlungskompetenz durch den Ausbau der Schlüsselqualifikationen zu vermitteln. Wenn das gelingt, ist das ein wertvoller Schritt auf dem nie endenden Weg der Persönlichkeitsentwicklung, *Band 5*.

Schlüsselqualifikationen

Sogenannte *Schlüsselqualifikationen*, auch als extrafunktionale, fachübergreifende bzw. fundamentale Qualifikationen bezeichnet, gewinnen immer mehr an Bedeutung. Fachwissen veraltet schnell, womit sich zugleich auch Ihre Qualifikation entwertet. In dieser Situation helfen Ihnen Schlüsselqualifikationen, neue Lern- und Arbeitsinhalte schnell und selbstständig zu erschließen. Der Wesenskern von Schlüsselqualifikationen verändert sich nicht, selbst wenn sich Technologien oder Berufsinhalte wandeln. Außerdem können sie für andere Bereiche und weitere Tätigkeiten verstärkend eingesetzt werden und sind so ein wichtiger Teil Ihrer beruflichen Handlungskompetenz.

Zu den Schlüsselqualifikationen gehören diese Kompetenzfelder:

Fachkompetenz

Die *Fachkompetenz* ist das klassische Feld der beruflichen Bildung. Sie haben sie in der Schule, Ausbildung und bei Weiterbildungsmaßnahmen erworben. Dazu gehören unter anderem:

- Allgemeinwissen
- Fachspezifisches Wissen und Können
- Sprachkenntnisse
- EDV-Kenntnisse

Hierbei handelt es sich zumeist um Hard Skills, also um operationalisierbares, kognitives, fachliches Wissen oder um Kenntnisse zur Bedienung technischer Geräte. Diese Art des Wissens oder Könnens eignet sich aber nicht, um komplexe Situationen mit hohem affektivem Anteil zu bewältigen.

Methodenkompetenz

Die *Methodenkompetenz* befähigt Sie, Ihr Fachwissen geplant und zielgerichtet umzusetzen. Zu ihr gehören diese Teilkompetenzen:

- Analytisches Denkvermögen, also die systematische Annäherung an eine Problemstellung
- Kreatives Denken, also die Bereitschaft, auch unorthodoxe Wege einzuschlagen
- Strukturierendes Denken, indem Sie Informationen klassifizieren
- Kritisches Denken, indem Sie Bestehendes infrage stellen

Sozialkompetenz/Soft Skills

Unter der *Sozialkompetenz* versteht man insbesondere das situations- und personenbezogene Denken und Handeln eines Individuums, vor allem im kommunikativen Bereich. Es handelt sich demzufolge um die Fähigkeit zum konstruktiven Umgang mit anderen, und zwar um:

- Kommunikationsfähigkeit
- Kritikfähigkeit
- Kooperationsfähigkeit
- Teamfähigkeit
- Empathiefähigkeit
- Konfliktfähigkeit

Man umschreibt den Begriff *Sozialkompetenz* oft auch mit *Soft Skills*. Diese rangieren in ihrer Bedeutung für Unternehmen mit großem Abstand vor Mobilität und Flexibilität, so das Ergebnis einer Studie des Staufenbiel-Instituts aus dem Jahre 2000 (vgl. Büser, 2000).

Als wichtigste Persönlichkeitsmerkmale wurden dort genannt:

- Teamfähigkeit/Kooperationsbereitschaft 55 Prozent
- Kontakt- und Kommunikationsfähigkeit 45 Prozent
- Mobilität 33 Prozent
- Eigeninitiative 32 Prozent
- Flexibilität 30 Prozent

Das Interesse von Unternehmen an Soft Skills resultiert aus veränderten Anforderungsprofilen für Mitarbeiter. Als Folge von IT-Durchdringung und Globalisierung entwickelten sich flexible Organisationsstrukturen, flache Hierarchien und dezentrale Entscheidungsstrukturen. Selbstorganisierte, informelle Netzwerke und ganzheitliche, projektorientierte Aufgabenbewältigung treten an die Stelle der tayloristischen Arbeitsteilung. Solche Arbeits- und Organisationsformen setzen aber Team-, Kontakt- und Kommunikationsfähigkeit voraus.

Persönlichkeitskompetenz

Bei der *Persönlichkeitskompetenz* geht es um die Fähigkeit, die eigene Person optimal zu entwickeln. Zu den Schlüsselfaktoren gehören unter anderem diese Fähigkeiten:

- **Selbstentwicklungsbereitschaft:** Erst durch die Bereitschaft des Einzelnen kann es zu wesentlichen Änderungen im persönlichen Bereich kommen. Dazu zählen laufende Selbstreflexion über die eigenen Fähigkeiten und Verhaltensweisen.
- **Lernbereitschaft:** Man bezieht diese Bereitschaft, immer etwas Neues dazuzulernen, jedoch nicht nur auf das Erlernen von neuem Wissen, sondern auch auf die Fähigkeit des Umlernens von eingefahrenen Denk- und Handlungsstrukturen.

Ein weiterer wichtiger Faktor ist das *Urteilsvermögen*, das nur erlangt werden kann, wenn eine Person viele Informationen zur eigenen Meinungsbildung heranzieht.

Auch die *Glaubwürdigkeit* gehört zur Persönlichkeitskompetenz. Aussagen und Verhaltensweisen sind für andere nur dann glaubwürdig, wenn sie ganzheitlich und stimmig sind. Selbst eine ausreichende *Belastbarkeit* ist in unserer an Hektik und Konflikten überladenen Arbeitssituation eine wichtige Teilkompetenz.

Daneben wird nach Ihrer *Kreativität* und *Flexibilität* gefragt, nach Ihrer *Eigeninitiative*, *Geduld* und *Ausdauer*, mit der Sie Problemstellungen im privaten und beruflichen Bereich angehen und lösen. „Eine gefestigte, in sich ruhende, selbstsichere und von der Meinung anderer unabhängige Persönlichkeit bildet die Voraussetzung dafür, systematisch und zielgerichtet alle Einflußfaktoren, die Persönlichkeits-Kompetenz ausmachen, anzugehen und laufend zu verbessern.“ (Brommer, 1992, S. 65)

Handlungskompetenz

Die Weiterbildung aller angestrebten Kompetenzen zu einem optimalen Sollzustand führt schlussendlich zur eigentlichen *Handlungskompetenz*. Darunter versteht man die Fähigkeit, die im Zusammenhang mit den Schlüsselqualifikationen erlangten

- Fertigkeiten,
- Fähigkeiten,
- Erkenntnisse und
- Verhaltensweisen

sowohl im beruflichen als auch im persönlichen Bereich anzuwenden und umzusetzen. Erst wenn das neu erlernte Wissen auch effektiv umgesetzt wird und man die neuen Methoden im täglichen Leben anwendet, kann man von Handlungskompetenz sprechen. Da aber immer wieder neue Lösungen verlangt werden, entwickelt sich die Handlungskompetenz stets weiter.

Grund und Zweck des GABAL-Zukunftskoffers

Wer an die Zukunft denkt,
Hat Sinn und Ziel fürs Leben,
Ihm ist das Tun und Streben,
Doch keine Ruh geschenkt.
Hermann Hesse

Viele Zukunftsbücher sind erschienen, früher und heute. In Zukunft werden es noch mehr sein. Das Bedürfnis nach Gewissheit und Orientierung wächst, je ungewisser sich Wirtschaft und Gesellschaft entwickeln. Wie viele Zukunftsstudien auch immer geschrieben werden, die Zukunft wird dadurch nicht klarer. Ein Blick in die relevanten Veröffentlichungen der letzten hundert Jahre zeigt, Zukunft war, ist und bleibt ungewiss. Wer in die Zukunfts-Lostrommel greift, zieht mehr Nieten als Treffer. Dieses Buch enthält eine Fülle von Beispielen, die diese Aussage untermauern.

Standort ermitteln

Wer mehr über seine Zukunft wissen will, ist selbst gefordert. Die Befunde der Trendforschung interessieren Designer und Marktplaner, aber sie sind für den Normalbürger oder das Normalunternehmen bedeutungslos. Zwar sollte man wissen, in welche Richtung sich unsere Welt bewegt, aber die vielen Prognosen liegen näher an der Gegenwart als an der Zukunft. Dichter Nebel verdeckt die Zukunft. Prognosen, vor allem die zu den Megatrends, sind zumeist sehr allgemein. Sie haben den Charakter von Weltkarten mit einem Maßstab von 1:30 000 000, wie ein Schulglobus. Sie eignen sich zur ungefähren Kursbestimmung. Ergänzend dazu bedarf es präziser Navigationsinstrumente, um den eigenen Standort zu ermitteln und den Kurs zu bestimmen.

Zukunft gestalten statt nur vorauszusagen

Wer auf der Basis von Zukunftsprognosen seine Planung wagte, musste diese bald schon revidieren. Warum sollen die Prognosen der Zukunfts- und Trendforscher zuverlässiger sein als die Kurzfristeinschätzungen unserer Konjunkturforscher? Das bedeutet aber nicht, der Zukunft auszuweichen. Sonst ist die Zukunft jene Zeit, in der Sie bereuen, was Sie alles nicht getan haben. Der beste Weg, die Zukunft vorauszusagen, ist, sie zu gestalten, meinte Willy Brandt einmal. In Abwandlung eines bekannten Zitats könnte also man sagen: „Die Zukunft ist das Ziel.“

Wenn Sie nicht heute schon an Ihrer Zukunft bauen, werden Sie wahrscheinlich keine haben. An die Stelle der Zukunft treten dann die Sorgen. Das ist zu vermeiden.

Inhalt und Aufbau dieses Bandes

Den *siebten Band* des GABAL-Kompendiums halten Sie in der Hand. Nachdem Sie im *sechsten Band* ausführlich über Grundlagen der Zukunfts- und Trendforschung informiert wurden, die wichtigsten Metatrends und Triebkräfte des Wandels kennengelernt und auf viele der mit der Zukunft zusammenhängenden Fragen Antworten bekommen haben, werden Ihnen hier die zur Verfügung stehenden Konzepte, Instrumente und Werkzeuge der eigenen Zukunftsplanung vorgestellt.

Kapitel A

Langfristige Zukunftsgestaltung in Wirtschaft oder Politik erfordert Analyse, Planung, Umsetzung und Kontrolle. Es bedarf also einer Systematik im Vorgehen, bestehend aus Zielsetzung, Planung, Realisation und Kontrolle. Diese sogenannten „Managementfunktionen“ werden im ersten Abschnitt dieses Bandes mit jenen Managementkonzepten verknüpft, die im besonderen Maße zukunftsorientiert sind, wie zum Beispiel das Corporate Foresight, das strategische Management oder das Innovationsmanagement.

Kapitel B Mit ausführlicher Begründung erfahren Sie im Folgeabschnitt, dass es sich bei den meisten der Erfolgs- und Zukunftskonzepten der Managementgurus oft um Placebos statt um wirksame Therapeutika handelt. Obendrein basieren sie auf elementaren Forschungsfehlern.

Dieser Kritik folgt eine Würdigung des vernetzten Denkens als Grundtechnik aller zur Zukunftsprojektion eingesetzten Konzepte und Instrumente.

Das Folgekapitel dient einer ausführlichen und verständlichen Einführung in die Szenariomethode, die meistverbreitete und beliebteste unter allen zukunftsgerichteten Projektionsmethoden. Dem schließt sich eine Auswahl an quantitativen und qualitativen Planungsinstrumenten an, so zum Beispiel die Expertenbefragung, die Zukunftswerkstatt, das Wargaming und das Eltviller Modell. Diese Instrumentenbreite garantiert, dass jeder Leser auf seine Art für seine Zwecke fündig wird.

Kapitel C Im letzten Abschnitt dieses Bandes geht es um die Rezepte, die Beratungsgurus zwecks Zukunftsgestaltung anbieten. Viele dieser Rezepte erweisen sich bei genauerem Hinsehen als Unsinn. Kaum wurde das eine Konzept umgesetzt, wird schon wieder ein neues und angeblich noch besseres angeboten. Mit ihnen werden nicht mehr nur Erfolge, sondern Quantensprünge und Megasuccess versprochen. Jedoch hier wird gezeigt, dass die Rezepte aus Wortnebel, Schlagwörtern, Anglizismen und Superlativen bestehen. Dieses Dickicht aus Begriffen schafft Verwirrung, statt Klarheit zu stiften.

A

Der Konzeptekoffer für die Zukunftsgestaltung

Wir dürfen nie vergessen, dass die Zukunft zwar gewiss nicht in unsere Hand gegeben ist, dass sie aber ebenso gewiss doch auch nicht ganz außerhalb unserer Macht steht.

EPIKUR

Langfristige Zukunftsgestaltung, egal ob in Wirtschaft oder Politik, erfordert Analyse, Planung, Umsetzung und Kontrolle. Es bedarf also einer Systematik im Vorgehen. Diese Ablaufordnung bietet das funktionelle Management. Damit ist eine Abfolge von Funktionen gemeint, mit denen die Systematik im Vorgehen sichergestellt wird. Es handelt sich hierbei um:

- Ziele setzen (Wo stehen wir? Wo wollen wir hin?)
- Planen (Welchen Weg nehmen wir? Welche Ressourcen haben wir? Wie viel Zeit haben wir?)
- Entscheiden (Alternative A, B oder C)
- Realisieren (Organisieren, Koordinieren, Delegieren)
- Kontrollieren (sachlich, personell, zeitlich)

Information und Kommunikation als Grundfunktionen

Diese Grundfunktionen stellen sich als immer wiederkehrende Aufgaben dar, die prinzipiell von jedem Verantwortungsträger in Wirtschaft und Politik zu leisten sind, und zwar unabhängig davon, auf welcher Hierarchieebene und in welcher Organisation sie anfallen. Man könnte noch die Funktionen Information und Kommunikation hinzufügen. Ohne sie ist es unmöglich, Ziele zu setzen, diese zu planen, dazu Entscheidungen zu treffen, Maßnahmen durchzuführen und diese zu kontrollieren.

Der Managementregelkreis

Der Managementregelkreis macht den Managementprozess übersichtlich. Er wird, nachdem das Ziel erreicht wurde, geschlossen oder mit neuen bzw. höheren Zielen von Neuem eröffnet. Denkbar ist aber auch, dass er wieder geöffnet wird, weil ein Ziel nicht erreicht wurde. Die Analyse der Abweichungen wird dann zur Grundlage der neuen Ausgangs- bzw. Situationsanalyse. Während das Denken und Informieren die anderen Funktionen zunächst horizontal verknüpfen, bilden sie zudem das Verbindungsglied zwischen zwei Ebenen. Das Bild vom Zielerreichungskreis wird präziser, wenn man es sich jetzt dreidimensional vorstellt, ähnlich wie eine Wendeltreppe. Nach jeder Umkreisung ist man eine Ebene höher gekommen (vgl. Simon, 2005, S. 22).

Der Managementregelkreis mit seinen Grundfunktionen

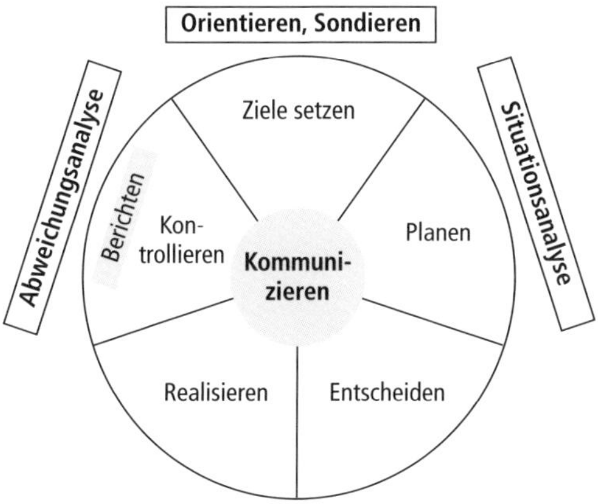

(Quelle: eigene Darstellung)

Management als Querschnittsfunktion

Aus funktionaler Sicht ist Management eine Querschnittsfunktion. Mit den Grundfunktionen werden der Einsatz der Ressourcen und die Koordination der Sachfunktionen (z. B. Einkauf, Produktion, Verkauf) gesteuert. Management bedeutet demnach das Treffen und das Durchsetzen von Entscheidungen, mit denen die in der Organisation befindlichen finanziellen, sachlichen und personellen Ressourcen verknüpft werden. Folglich fallen Managementfunktionen in jedem Bereich der Organisation oder des Unternehmens an. Man spricht deshalb auch vom Einkaufs-, Fertigungs- oder Vertriebsmanagement. Diese Funktionen sind auf jeder

Hierarchiestufe zu erfüllen, wenn auch unterschiedlich nach Art und Umfang.

Neben dem Bereichsmanagement wie zum Beispiel Logistik-, Fertigungs-, Vertriebs- oder Personalmanagement gibt es thematische Managementfelder wie beispielsweise Projekt-, Qualitäts- oder Prozessmanagement. In diese Gruppe gehören die in diesem Kapitel beschriebenen Managementkonzepte.

1. Corporate Foresight

Vor etwa 65 Jahren gab ein renommiertes Beratungsunternehmen der Erfindung Xerografie, umgangssprachlich Fotokopierer, keine Marktchancen. Vor 35 Jahren meinte man zur Idee eines PC, es gebe keinen Grund dafür, dass jemand einen Computer auf seinem Schreibtisch haben wolle. Wir wissen heute, diese Prognosen waren fatale Fehleinschätzungen. Wären sie unter Zuhilfenahme von Zukunftsforschern vermeidbar gewesen? Wahrscheinlich nicht. Die Zukunft hat zu viele Möglichkeiten, sich zu entwickeln, um sie alle ernsthaft zur Kenntnis nehmen zu können.

Weder die Zukunfts- noch die Trendforschung können das Bedürfnis von Unternehmen nach praktisch verwertbarem Zukunftswissen befriedigen. Jeder Kleinunternehmer oder der Vorstand für Entwicklung eines Konzerns fragt sich nach der Lektüre der einschlägigen Fachliteratur: „Und nun?“

Wahrnehmung und Wahrheit sind zweierlei

Schauen Sie beim nächsten Flug aus dem Fenster: Die Erde erscheint als eine Scheibe. Wahrnehmung und Wahrheit sind also zweierlei. Das heißt, Unternehmen, Organisationen, Verwaltungen und Sie sind selbst gefordert, ihr eigenes Radar einzurichten und die relevante Umwelt abzutasten. Dabei sollte Ihr Blick weit in die Zukunft reichen, zumindest sollten Sie versuchen, den Nebel der Ungewissheit zu durchdringen, um Konturen zu erkennen. Ein Blick in die nachfolgende Übersicht (in Anlehnung an Mićić, 2006; Opaschowski, 2008), verbunden mit der Frage, welche Zukunftsfaktoren uns betreffen, kann bei der Orientierung hilfreich sein.

Technologische Zukunftsfaktoren	Wirtschaftliche Zukunftsfaktoren	Gesellschaftliche Zukunftsfaktoren	Biosphärische Zukunftsfaktoren	Politische Zukunftsfaktoren
Information	Interdisziplinarität	Alterung	Klimaveränderung	Europäische Integration
Internet	Globalisierung	Bevölkerungsschrumpfung in entwickelten Ländern	Bodenerosion	Staatsverschuldung
Datenübertragung	Asien	Bevölkerungswachstum in Entwicklungsländern	Waldvernichtung	Ökonomisierung des Staates
Dematerialisierung und Virtualisierung	Dienstleistungen	Wissenswachstum	Trinkwasserknappheit	Internationale Kooperation
Robotik	Quartarisierung	Individualisierung	Feinstaub	Nahostproblem
E-Business	Marktfragmentierung	Ethik		US-Imperialisierung
Künstliche Intelligenz	Digitales Geld	Auflösung der Mitte		Rolle und Bedeutung Chinas
E-Learning	Informierter Kunde	Feminismus		Sozial- und Steuergesetzgebung
Photonik	Meereswirtschaft	Convenience-Orientierung		Rentenlast
Sensorik	Weltraum	Erlebnisorientierung		Datenschutzprobleme
Biometrie	Netzwerkwirtschaft	Recht		
Mikrosystemtechnik	Gesundheitskosten	Neue Lebensformen		
Mikroverfahrenstechnik	Zweitjobs	Internationale Kultur		
Nanotechnologie	Unterbeschäftigung	Religiöse Konflikte		
Bio- und Gentechnik	Leih- und Teilzeitarbeit	Ethnische Konflikte		
Bionik	Prekarität	Kriminalisierung		
Neue Werkstoffe	Best Ager			
Functional Food	Onlinehandel			
Mass-Customization	Zukunftsmärkte als Sinnmärkte			
Medizininnovationen				

Technologische Zukunfts-faktoren	**Wirtschaftliche Zukunfts-faktoren**	**Gesellschaftliche Zukunfts-faktoren**	**Biosphärische Zukunfts-faktoren**	**Politische Zukunfts-faktoren**
Energieinno-vationen Cyberware PC statt Buch	Telearbeit Virtuelles Reisen Städte- statt Strandreisen Sinkende Immobilien-preise Lebensabschnitts-häuser	Extremismus Komplexität Work-Life-Balance Gesundheits-vorsorge Privatschulen Videoüber-wachung Eventkultur Sport oder Kultur? Ganztags-schulen Senioren als Machtfaktor Renaissance alter Werte		

Nun kann man zwar den Zeithorizont, genauer gesagt, die Langfristigkeit, als Bezugsrahmen für das unternehmerische Zukunftsmanagement sehen. Wichtig ist aber, dabei gleichzeitig die Erfolgspotenziale, ein Begriff, den man vorsichtig mit Stärken umschreiben könnte, im Auge zu haben.

1.1 Begriffliche Beliebigkeit

In Anbetracht der dürftigen Ausbeute der professionellen Zukunfts- und Trendforschung lag es auf der Hand, dass insbesondere technologiegetriebene Großkonzerne zur Selbsthilfe griffen und Zukunftspfadfinderei als *do it yourself* selbst zu betreiben. So wollte und will man die Lücke zwischen dem notwendigen Wissensbedarf und dem vorhandenen Wissensangebot schließen.

Das neue Verständnis der Zukunftswissenschaft

Diese Reaktion entspricht dem neueren Verständnis der Zukunftsforschung. Demnach geht es nicht mehr darum, die Zukunft als Ergebnis vergangener und gegenwärtiger Determinanten zu „entdecken", sondern das Morgen und Übermorgen als gestaltbare Entitäten zu begreifen. Zukunft ist schließlich nicht vollständig bestimmbar. Verschiedene Zukunftsentwicklungen sind möglich. Die Zukunft ist nicht mehr Schicksal, dem zu entrinnen unmöglich ist, denn die Verantwortung für die Gestaltung liegt beim Menschen, im Großen wie im Kleinen. Dabei kommt es darauf an, wie das bereits Perikles formuliert hat, nicht die Zukunft vorauszusagen, sondern auf sie vorbereitet zu sein.

Von der Begriffsvielfalt …

Der passende Begriff für den Do-it-yourself-Zukunftsblick war auch schnell gefunden: *Corporate Foresight*, frei mit „Unternehmensweitblick" übersetzt. Manche sprachen auch vom *Organizational Foresight*, vom *Strategic Foresight* oder auf gut Deutsch vom Zukunftsmanagement.

… zur Definitionsbeliebigkeit

Zur Begriffsvielfalt gesellte sich die Definitionsbeliebigkeit. Wissenschaft und Publizistik waren ausnahmsweise schneller als die Praxis. Angesichts der begrifflichen und definitorischen Buntheit sowie Vielfalt der Modellkonstruktionen zur richtigen Anwendung, Statistikdiagramme und Grafiken gewinnt man den Eindruck, als würde es sich beim Corporate Foresight um einen lange eingeführten Gegenstand des unternehmerischen Planungsalltags handeln. Es ist amüsant zu lesen, wie Doktoranden um ein nicht sonderlich aufregendes Thema „herumwissenschafteln" und kreative Begriffssysteme sowie grafische Modellkonstruktionen jenseits des realen Unternehmensgeschehens entwickeln. Das kommt dabei heraus, wenn man sich zu sehr auf das beschränkt, was Unternehmensvertreter auf Kongressen und in Buchbeiträgen berichten.

Die Beliebigkeit von Begriffen und Definitionen hatte eine gewisse Unschärfe von *Corporate Foresight* zur Folge, besonders auf der US-amerikanischen Businessbühne. Doch an dieser „Krankheit" leiden viele Managementbegriffe.

1.2 Die moderne Managementtheorie als Antithese zum Corporate Foresight

Betriebliche Zukunftsforschung und -planung zielt auf Gewissheit und damit auf Planbarkeit. Sonst würde sich kein Unternehmen einen Zukunftsspäher auf seine Lohnliste setzen. Topmanager interessieren sich schließlich nicht für Nichtlinearität und Chaostheorie, so wichtig diese auch für das tiefere Verständnis der Wirtschaft sind. Sie wünschen einigermaßen verlässliche Navigationsdaten.

Hält der Begriff *Management* das, was er bezweckt?

Der Begriff *Zukunftsmanagement* suggeriert Verlässlichkeit. Man kann sie erwarten, denn Management bezweckt Systematik im Sinne von Orientierung, Zielsetzung, Planung, Entscheidung, Realisation und Kontrolle, flankiert von Information und Kommunikation. Hier stellt sich die Frage: Sind diese Systematik und die daraus abgeleitete Zukunftsschau angesichts wirtschaftlicher Turbulenzen bis hin zu Störereignissen mach- und haltbar?

Unsicherheit der Planung

Theoretiker und Praktiker diskutieren seit geraumer Zeit darüber, ob und inwieweit strategische Planung und Unternehmensführung im Zeitalter schnelllebiger, undurchschaubarer, globaler und turbulenter Märkte noch greifen. Zehnjahresplanungen werden oft schon im Frühjahr von der Entwicklung in Wirtschaft, Gesellschaft und Politik eingeholt. Ein neuer 11. September oder eine tiefgreifende

Rezession als Folge der Weltfinanzkrise, ein erschütternder UN-Report zur Situation des Weltklimas oder die Auflösung von Dollarguthaben der chinesischen Staatsbank lösen Dringlichkeitsanträge an die Strategiepläne von Wirtschaft und Politik aus.

Beispiel Continental AG

Im Falle der Übernahme der Continental AG durch die Schaeffler-Gruppe fehlte der notwendige Weitblick. „Unser Fehler war, dass wir die Zukunft falsch eingeschätzt haben", sagte Maria-Elisabeth Schaeffler. Sie räumte ein, den positiven ökonomischen Grunddaten des Sommers 2008 vertraut und warnenden Signalen zu wenig Beachtung beigemessen zu haben (SPIEGEL Online, 21.03.2009).

Veränderungsgeschwindigkeit erschwert die Zukunftsplanung

Turboschnelle und plötzliche Veränderungen oder gar „soziale Mutationen" erschweren die Planung, Steuerung und Kontrolle von Organisationen. Entwicklungen, die sich früher über Jahrzehnte hinzogen, vollziehen sich heute in einigen Monaten. Diese Zeitschrumpfung erschwert strategisches Management oder macht es gar unmöglich. Fünf- und Zehnjahrespläne mit exakten Bestimmungen der Zwischenziele beruhen auf einem linearen Strategieverständnis, bei dem der Weg von der Vision über Planungen und Entscheidungen, Handlungen und Kontrollen zu (möglichst) schwarzen Bilanzzahlen führen soll. Aber in einem dynamischen Umfeld, dessen Trends immer weniger bestimmbar sind, können sich Unternehmen nicht mehr den Luxus eines akribisch genauen Planungsprozesses leisten. Sie benötigen eine Strategie, bei der die Feinabstimmung der Reflexe sowie die Suche und der Aufbau temporärer Chancen im Mittelpunkt stehen (Hamel, Prahalad, 1995). Daraus folgt, dass auch ein Unternehmen letztendlich ein sich selbst organisierendes System ist, dessen Zukunft nur in einem begrenzten Rahmen planbar, steuerbar und gestaltbar ist.

1.3 Corporate Foresight Consultants talk funny and make money

Der Unterschied des Corporate Foresight zur Zukunftswissenschaft und Trendforschung liegt in der Fokussierung auf das Unternehmen. Während Letztere sehr allgemeine Aussagen zu Technik, Wissenschaft oder Gesellschaft machen, versucht das Corporate Foresight diese auf eine Organisation oder ein Unternehmen hin zu konkretisieren. Denkbar wäre, dass sich die F&E-Abteilung eines Hightechunternehmens Gedanken darüber macht, was die Grundlagenforschung zur Teilchenbeschleunigung im Forschungszentrum CERN für die eigenen Produkte in fünf Jahren strategisch bedeuten könnte.

Zukunftswissenschaft – von der Breite in die Tiefe

Einschränkend gilt aber, dass die Zukunftswissenschaft immer mehr von ihrer früheren technologischen Breite oder gesellschaftsphilosophischen Allgemeinheit aufgegeben hat und mehr und mehr in die konkrete Tiefe eines Themen- oder Problembereiches hinein forscht. Ein Blick in die Projektliste der relevanten Einrichtungen zeigt, dass Zukunftsthemen heute sehr eng themen-, projekt- oder branchenbezogen sind.

Mängel des Trenddenkens

Die Macher eines der führenden deutschen Corporate-Foresight-Beratungsunternehmen, Z_punkt, erklären die Notwendigkeit von Corporate Foresight damit, dass reines Trenddenken als Basis der strategischen Innovationsarbeit zukünftig nicht mehr ausreicht. Darum nehmen Unternehmen langsam Abschied von der klassischen Trendforschung. Die Zeit der Trendgurus und Trendhypes sei vorüber, schreiben sie. Deren Methoden, etwa das Scannen kultureller Oberflächen, waren ebenso einfach wie wolkig formuliert. Sie nennen sechs konkrete Gründe, warum Trenddenken als Basis strategischer Innovationsarbeit nicht mehr ausreicht (vgl. Burmeister, Glockner, 2006). Trenddenken ist:

- Oftmals eindimensional
- Passiv
- Herdenorientiert
- Wirklichkeitsverzerrend
- Sich selbst entwertend
- Wettbewerbsnachteilig

Das sind sechs harte Körpertreffer für die Trendforschung. Aber sie geht nicht zu Boden. Merkwürdig an dieser Kritik ist, dass der wissenschaftliche Direktor von Z_punkt auf der Homepage des horxschen Zukunftsinstituts als Teammitglied aufgeführt ist. Die Kritiker arbeiten für die von ihnen Kritisierten.

Selbstüberschätzung der Trendforscher

Nun kann man sich darüber streiten, ob Trenddenken tatsächlich die Basis der strategischen Innovationsarbeit war und ist. Das, was Gerd Gerken oder Matthias Horx von sich gaben, hat in der deutschen Wirtschaft kaum eine Rolle gespielt, von Wolfgang Joop und Jil Sander, von Adidas und Hugo Boss vielleicht mal abgesehen. Man hört sich einen Trendologen mal an, aber vom Zuhören bis zum Auftrag ist es ein langer Weg. Die „Futureviewer" tun so, als hätte die Wirtschaft die Vorgaben der Trendforschung befolgt. Doch die Trendforschung hat lediglich das beschrieben, was sich in einigen Bereichen der Gesellschaft und auf einigen Märkten tat. Alles andere beruht auf maßloser Selbstüberschätzung.

Die Kontextlogik als neues „Magic word"

Das Z_punkt-Autorenteam fordert, das Trenddenken durch eine Kontextlogik zu ersetzen. Sie meinen damit, dass sich die Zukunft für jedes Unternehmen anders darstellt. Das aber steht schon seit Jahrzehnten in den Lehrbüchern. Das, was sich im strategischen Management schon lange „strategisches Fit" bzw. „strategische Passgenauigkeit" nennt, wurde mit einer verbalen Silvesterrakete namens Kontextlogik ersetzt.

Zwar hat die Logik als Lehre vom folgerichtigen Denken immer einen Kontext, aber „Magic words", ein schillernder Ausdruck von Horx, sind nun mal wichtig, um Aufmerksamkeit zu erlangen, selbst wenn sie fragwürdig sind. Die Herren Trendologen verpacken Banalitäten in einen phrasologischen Wust, so wie es für die Trendbranche typisch ist. Oder welche konkrete Aussage verbindet sich mit Phrasen wie „Kontexte wandeln sich" und „Innovation muss den Kontext mitbedenken"?

Der phraseologische Wust der Trendbranche

Ihre akademisch gekünstelte Spezialsprache soll ihnen den Anschein wissenschaftlicher Gelehrsamkeit geben. Wer aber so unfähig ist, sich verständlich auszudrücken, ist erst recht nicht in der Lage, Zukünfte mit normalen Menschen zu planen. Es steht schlecht um die Zukunft dieser Zukunftsspäher!

Die Unfähigkeit zur Verständlichkeit

1.4 Corporate Foresight als Hilfsinstrument des strategischen Managements

Der Zukunftsweitblick soll, so die Informationen in der einschlägigen Literatur, die Wettbewerbsfähigkeit des Unternehmens langfristig sichern, die Lernfähigkeit und Innovationskraft nachhaltig stärken sowie Chancen und Risiken identifizieren. Diese Aufgabenbeschreibung findet man auch im Aufgabenprofil des strategischen Managements, des Marketings, des Wissensmanagements, des Qualitäts- und Prozessmanagements, des Innovationsmanagements und anderer Unternehmensfelder. So weit ist Corporate Foresight nichts grundlegend Neues.

Die Berichte zur Corporate-Foresight-Praxis in deutschen Unternehmen, zumeist Großkonzernen, zeigen, dass man mit Modellen und Maßnahmen eher traditioneller Managementfelder wie strategisches Management oder Marktfor-

Corporate Foresight als Schnittmengendisziplin

schung arbeitet (vgl. Burmeister et al., 2004). Es stellt sich bei der Lektüre dieser Berichte die Frage, was genau Corporate Foresight ist und wo der Unterschied zum Wissensmanagement oder Innovationsmanagement liegt. Im Grunde überschneiden sich Wissens-, Innovations-, Risk-, Werte-, Marketing- und Zukunftsmanagement bzw. Corporate Foresight. Man kann sich das Zukunftsmanagement als Mittelpunkt einer Blüte vorstellen, mit großen Schnittmengen in alle Managementbereiche hinein.

Schnittstellenmanagement

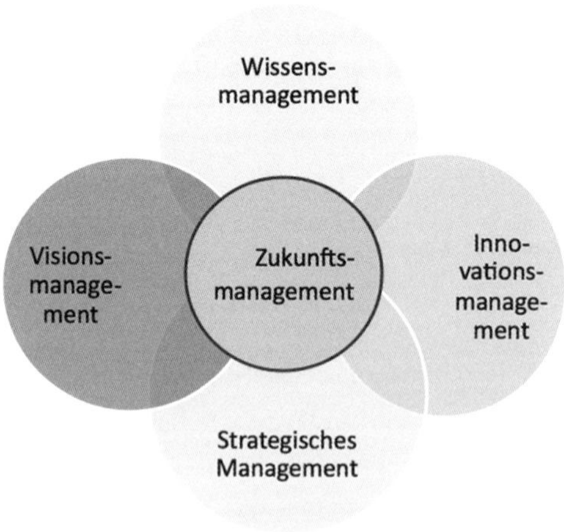

(Quelle: eigene Darstellung)

Wenn überhaupt, dann könnte man Corporate Foresight als eine Art vorgelagerter Aussichtsplattform aller anderen Managementbereiche betrachten. Dort oben ist der Zukunftsnebel weniger dicht, sodass zukunftsbestimmende Kräfte und Rahmenbedingungen besser erkennbar sind als aus der Bodenperspektive. Auch geht es nicht mehr um ein futuristisches Vor-Denken, sondern um ein kalkuliertes Voraus-Schauen (vgl. Reinhardt, 2006).

Strategisches Management und Corporate Foresight

Besonders eng sind die Beziehungen zum strategischen Management, sodass sich die Frage nach dem Neuen und Anderen des Corporate Foresight stellt. Das Interesse an langfristiger Vorschau und Planung stand als Pate schon am Taufbecken des strategischen Managements. Der Strategieexperte Bernd Camphausen schreibt: „Strategie ist ein Aktionsplan, der sich mit gegenwärtigen und zukünftigen Entwicklungen im Umfeld eines Unternehmens und zukünftigen Entwicklungen eines Unternehmens befasst und Entscheidungen über finanzielle und menschliche Ressourcen darstellt, um Leistungen zu steigern und langfristige Ziele zu erreichen.“ (Camphausen, 2007, S. 15) Auch ansonsten bilden strategisches Management und Corporate Foresight eine Art Symbiose. So soll, nach Peter Drucker, das strategische Management helfen, die richtigen Dinge zu tun, statt Dinge richtig zu tun. Es beinhaltet Visionen, so wie es das Corporate Foresight auch fordert. Jede Strategie beruht zwingend auf einer Umfeldanalyse, ergänzt durch ein laufend rotierendes Strategieradar.

Corporate Forsight als vorgeschaltete Umfeldanalyse

Nun muss man aber anerkennen, dass Organisationen und Unternehmen angesichts globaler Wettbewerbsverhältnisse, vernetzter Märkte, enormer Beschleunigung und verstärktem Produktivitätsdruck, langer Entwicklungszeiten und kurzer Lebenszyklen heute mehr tun müssen, als strategisch zu planen. Sie sind schon vorab gefordert, Trends und Innovationsmöglichkeiten und Marktbedürfnisse zu erkennen und in ihr strategisches Management einzubauen. Hier kann das Corporate Foresight im Sinne einer Art vorgeschalteter Umfeldanalyse nützlich sein.

Strategic Issue Management

Dieser Gedanke entstand schon 1950 als Folge zunehmender Umfeldkomplexität. Sie führte dazu, den Blick verstärkt auf das sich immer mehr dynamisierende Umfeld des Unternehmens zu richten. Der „Strategiephilosoph“ Igor Ansoff schuf die Idee des *Strategic Issue Management*. Es zielt auf die ständige Überwachung des Umfelds, um bei Diskontinuitäten unverzüglich einzuschreiten. Wenn es notwendig ist, dann übergeht und durchkreuzt das Strategic Issue Management die Hierarchie, um Maßnahmen sofort wirksam werden zu lassen.

Frühwarn- und Frühaufklärungsfunktion

Das deckt sich mit der Zweckbeschreibung von Pero Mićić. Er schreibt dem Corporate Foresight eine Frühwarn- und Frühaufklärungsfunktion zu. Diese gibt es seit etwa 1970. Sie hat sich über die Frühwarnung (1970–1975), die operative und strategische Früherkennung (1975–1990) bis hin zur strategischen Frühaufklärung (1990–dato) entwickelt.

Kernfragen der Zukunftsarbeit

Er formuliert sechs Kernfragen als Aufgabenraster für eine systematische Zukunftsarbeit im Unternehmen (Mićić, 2006).

- Wie wird sich unser Markt-, Arbeits- und Lebensumfeld in den nächsten zwei bis fünf Jahren verändern?
- Welche Chancen und Risiken für neue Märkte, Produkte, Strategien, Strukturen und Prozesse ergeben sich aus diesen Veränderungen?
- Wie soll die Unternehmung in zwei bis fünf Jahren im Sinne einer strategischen Vision aussehen?
- Wie soll möglichen spontanen Ereignissen und Entwicklungen in der Zukunft begegnet werden?
- Was ist die Strategie zur Verwirklichung der strategischen Vision?
- Wie soll das Zukunftsmanagement als laufender Prozess gestaltet werden?

Als Arbeitsinstrument empfiehlt er ein Methodenset, das er „Eltviller Modell des Zukunftsmanagements“ nennt (vgl. Kapitel B 13). Damit konkretisiert er den Gedanken des Strategic Issue Management, mit dem frühe bzw. schwache Signale erkannt und bewertet werden.

1.5 Die Corporate-Foresight-Praxis von Unternehmen

Die Foresighter der Zukunftscompany Z_punkt berichten in ihrem Buch *Corporate foresight*, dass es vorwiegend global tätige, technologiebasierte Großunternehmen sind, die systematische Zukunftsschau betreiben (Burmeister et al., 2004). Die Autoren behaupten, dass die Unternehmen die Zukunftsschau eher aus der Sorge betreiben, vielleicht etwas Wichtiges nicht zu tun. Me too, ist der Grundgedanke.

Das Beispiel Elektroauto

Beim unternehmerischen Weitblick erweisen sich die meisten Topmanager als kurzsichtig. Der Mischkonzern General Electric löste vor einigen Jahren seine zentrale Planungsabteilung auf. VW ist ein Unternehmen, das sich ein Future-Lab leistet, aber verschlief trotzdem den Hybrid-Hype. Das Thema Elektromotor schien die Automanager lange überhaupt nicht zu elektrisieren. Schon 1993 fand auf der Insel Rügen ein Großversuch mit Elektroautos statt. Alle deutschen Hersteller waren mit insgesamt 60 Autos vertreten. Die Gesamtkosten von 60 Millionen DM bezuschusste die Staatskasse mit 22 Millionen DM. Der damalige Innenminister Manfred Kanther nannte das Ziel: Im Jahre 2000 sollten 10 Prozent aller neu zugelassenen Kraftfahrzeuge elektrisch angetrieben werden. Die Industrie ließ das Thema in den Schubladen versinken. Grund: die unausgereifte Batterietechnik. VW und Mercedes liquidierten 1995 das für die Batterieentwicklung zuständige Gemeinschaftsunternehmen, um sich dann angesichts der Entwicklung leistungsstarker Batterien der Konkurrenz 2007/2008 erneut vom Thema Elektroauto inspirieren zu lassen. Noch 2003 prognostizierte man in der Daimler Society & Technology Research Group, dass der Verbrennungsmotor auf absehbare Zeit der bestimmende Fahrzeugantrieb bleiben werde (vgl. Burmeister et al., 2004).

Der damalige Leiter des Rügen-Projekts, Christian Voy, bekennt inzwischen: „Die Batterie ist nur der plakative Buhmann … Das kommerzielle Interesse am Elektroauto ließ schlagartig nach, die Hersteller stürzten sich auf sportliche Fahrzeuge – und die Kunden kauften sie." (Pandler, Jürgen: *Blackout auf Rügen.* SPIEGEL Online 21.12.2008)

Beispiel BASF

Von Klaus Heinzelbecker, dem Direktor der strategischen Planung der BASF AG, ist zu erfahren, dass sich unternehmerische Zukunftsplanung diesen Fragen stellen muss:

- Welche Veränderungen und Herausforderungen kommen auf uns zu? Und wann kommen sie?
- Wo stehen wir heute und wie sind wir für die Zukunft aufgestellt (Stärken-Schwächen-Analyse)?
- Welche Chancen und Potenziale stecken für uns in diesen Veränderungen?
- Welche Risiken und Hemmnisse bringen diese Veränderungen mit sich?
- Wohin wollen wir uns in den nächsten Jahren entwickeln?
- Was müssen wir konkret tun, um diese Ziele zu erreichen?

Altes im neuen Gewand

Das geübte Auge erkennt, dass es sich hierbei um nichts weiter als eine verlängerte SWOT-Analyse (vgl. Kapitel A 3), angereichert mit Zielen und Maßnahmen, handelt. Das ist nichts Neues. Alte Instrumente wurden neu verpackt und mit dem Etikett *Corporate Foresight* versehen. Heinzelbeckers Bericht in dem erwähnten Buch der Z_punkt-Zukunftscompany beschreibt eine Mischung von Innovationsmanagement und strategischem Management, aber kein „lupenreines" Corporate Foresight, wenn es das überhaupt gibt.

Die vorliegenden Unternehmensberichte zeigen, dass es vorwiegend Global Players sind, die sich den Luxus einer eigenen „Denkstelle" leisten. In mittelständischen Unternehmen sind es die F&E-Mitarbeiter, die das Zukunftsterrain ausspähen. Bei Kleinunternehmen ist es der Inhaber oder Geschäftsführer, der auf Kongressen, Messen, in Fachzeitschriften, bei Kunden- und Lieferantengesprächen nach branchenrelevanten Zukunftssignalen Ausschau hält.

Strategische Zukunftsschau als Kollektivaufgabe

Da die möglichen Ereignisse nicht vorhersehbar und inhaltlich bestimmbar sind, ist ein einzelner Manager mit der Aufgabe der strategischen Zukunftsschau überfordert. Hier sind alle Aufgabenträger des Unternehmens in der Pflicht, insbesondere qualifizierte Fach- und Führungskräfte. Diese sollten aber nicht nur einen Blick für Bedrohungen haben, sondern auch für eventuelle Chancen.

Zukunftsdenker oder nur Moderator?

Soweit Unternehmen einen Zukunftsdenker installieren, stellt sich die Frage, inwieweit dieser als Stabsstellenakteur Zukünfte ermitteln und gestalten kann, wenn er doch das operative Tagesgeschäft und die Kunden kaum kennt. Seine Rolle reduziert sich dann auf die eines an der Pinnwand stehenden Moderators, der der Organisation bzw. der Linie Hilfsdienste bei der Zukunftsrecherche leistet.

1.6 Instrumente und Methoden des Corporate Foresight

Wie betreibt man Corporate Foresight? Prinzipiell so, wie man auch in anderen Bereichen forscht. Es werden Hypothesen formuliert, Informationen gesammelt, Daten erhoben, Ursachen gesucht, Beziehungen hergestellt, Folgen beschrieben und Schlussfolgerungen gezogen. Hierzu benutzt man Werkzeuge und Methoden, einzeln oder im Mix.

Die Methoden des Zukunftsmanagements

Prinzipiell arbeitet der hauseigene Zukunftsscout mit denselben Methoden und Konzepten wie der selbst ernannte Zukunfts- oder Trendforscher. Darum wird hier auf eine neuerliche Nennung oder Beschreibung verzichtet und auf die Kapitel Zukunftsforschung (Band 1, Kapitel C) und Trendforschung (Band 1, Kapitel D) verwiesen.

Fredmund Maliks Sichtweise

Die von Fredmund Malik ausgelöste evolutionstheoretische Sichtweise des strategischen Managements steht der Idee rechtzeitigen Erkennens und Planens skeptisch gegenüber. Sie beruht auf der Annahme, dass sich die Ordnung einer Gesellschaft und ihrer Institutionen im Wesentlichen nicht als das Ergebnis menschlicher Planung und Steuerung darstellt. Diese ist eher das vorläufige Ergebnis vorheriger Handlungen, genauer, des interessenbezogenen Zusammenwirkens von direkt und indirekt beteiligten Personengruppen. In Unternehmen kann das Management in der Rolle des Katalysators lediglich Rahmenbedingungen schaffen, die sich positiv auf den betrieblichen Transformationsprozess auswirken.

Zur Idee des evolutionären Managements

Hier setzt die Idee des evolutionären Managements an. Demnach ist ein Unternehmen ähnlichen Entwicklungsprozessen ausgesetzt wie die Natur. Aus diesem Grunde sollten Organisationen bestrebt sein, ihre Anpassungsfähigkeit auf der Basis weitgehender Selbstorganisation zu erhöhen. In einem sich selbst organisierenden System können Veränderungen schneller vollzogen werden als in einer hierarchisch strukturierten Großorganisation. Spontan handlungsfähige Ordnungssysteme weisen eine wesentlich höhere Fähigkeit zur Anpassung an komplexe Geschehnisse auf, als dies bei starren Organisationen der Fall ist. Ihre Komplexitätsbewältigungskraft ist größer. Organisationen sollten demnach eher gesegelt als präzise gesteuert werden.

Die strategische Architektur als Corporate-Foresight-Navigationsinstrument

Die Zukunft ist mehr als die Extrapolation der Vergangenheit und Gegenwart. Selbst die Glaskugel eines Wahrsagers degeneriert zur Blackbox, wenn es darum geht, die Linse scharf zu stellen. Vieles erahnt man nur. Wir kennen zwar die grundlegenden Kräfte, welche die Zukunft von Wirtschaft und Gesellschaft bestimmen, aber nicht die konkrete Ausgestaltung. Das erschwert die Strategiefindung und -formulierung ungemein.

Die traditionelle Ausrichtung von Strategien ...

Hiervon ausgehend, meinen die Strategieexperten Gary Hamel und Coimbatore Prahalad, dass sich das strategische Management zu sehr auf die Gegenwart und die nahe Zukunft konzentriere. Strategien sind nach der traditionellen Denkweise auf die Erzielung von Wettbewerbsvorteilen in einer stabilen Umgebung durch Ausnutzung von Kompetenzen und Ressourcen ausgerichtet. Man betrachtet dabei zu sehr Einflussfaktoren wie Branchenstruktur und Marktanteile, arbeitet mit Instrumenten wie Wettbewerbs- und Wertkettenanalyse, alles Dinge, die sich für bestehende Märkte eignen (vgl. Recklies, Dagmar: *Strategie in turbulenten Zeiten.* <www.themanagement.de>).

... und damit verbundenen Probleme

Es bestehen aber immer weniger stabile und prognostizierbare Bedingungen. Die traditionelle Positionierung des Unternehmens in einem gegebenen Umfeld führt nicht mehr zum langfristigen Erfolg. Digitalisierung, Deregulierung und Globalisierung verändern Branchenstrukturen und -grenzen. Tchibo beispielsweise verkauft nicht mehr nur Kaffee, sondern *auch* Kaffee. An der Tankstelle können Sie *unter anderem* auch Geld für Sprit ausgeben. Junge, stark expandierende Märkte verändern die Spielregeln in dynamischen Sprüngen. Als Folge hiervon müssen Unternehmen nicht nur ihre direkten und bekannten Wettbewerber beobachten, sondern auch andere Marktteilnehmer, die mehr und mehr in ihr Marktsegment eindringen. Für solche Entwicklungen eignen sich die bisherigen Strategiemodelle immer weniger. Sie sind zu schwerfällig, um das Unternehmen auf nicht vorhersehbare Veränderungen einzustellen oder zukünftige Märkte selbst mitzugestalten. Es kommt vielmehr darauf an, Vorteile aus der schnellen Ausnutzung unerwarteter und flüchtiger Chancen zu ziehen. Dazu sind drängende Fragen zu stellen (in Anlehnung an Hamel, Prahalad, 1995, S. 40):

Fragen an das Heute	Fragen an das Morgen
■ Welche Kunden bedienen wir heute?	■ Welche Kunden bedienen wir morgen?
■ Auf welchen Vertriebswegen erreichen wir die Kunden heute?	■ Auf welchen Vertriebswegen erreichen wir die Kunden morgen?
■ Wer sind unsere jetzigen Konkurrenten?	■ Wer sind unsere zukünftigen Konkurrenten?
■ Worauf gründet sich unser Wettbewerbsvorteil heute?	■ Worauf gründet sich unser Wettbewerbsvorteil morgen?
■ Woher kommen heute die Gewinne?	■ Woher kommen morgen die Gewinne?
■ Durch welche Fähigkeiten und Fertigkeiten unterscheidet sich unser Geschäft heute von anderen?	■ Durch welche Fähigkeiten und Fertigkeiten unterscheidet sich unser Geschäft morgen von anderen?

Das Geschäft neu erfinden

Der Wettbewerb der Zukunft muss sich aber auf zukünftige Märkte konzentrieren, auf solche, die sich noch gar nicht voll herausgebildet haben. Es werden neue Branchen durch Kombination alter entstehen. In der Zukunft geht es nicht nur darum, sich auf Veränderungen einzustellen, sondern diese selbst aktiv mit herbeizuführen und zum eigenen Vorteil zu nutzen. Hamel und Prahalad bestreiten die Meinung anderer Strategieexperten, die von der Unbeeinflussbarkeit des Marktgeschehens durch Einzelunternehmen ausgehen. Ihrer Meinung nach hat ein Unternehmen gewisse Möglichkeiten, die Grenzen einer Industrie neu zu definieren oder neue Industrien zu schaffen. Nicht auf die Orientierung am Bestehenden, sondern auf die Schaffung neuer Geschäftsfelder bzw. Wertschöpfungssysteme komme es zukünftig an.

Strategische Architektur statt Präzisionsstrategie

Diese Meinung wurde vom Zukunftsmanagement übernommen. Es geht heute nicht mehr darum, eine perfekte, punktgenaue Strategie zu entwickeln, sondern eine solche, die das Unternehmen in die richtige Richtung führt. Statt formaler Zukunftsplanung muss mit ihr experimentiert werden, muss sie kontinuierlich konkretisiert und angepasst werden. Hamel und Prahalad verwenden hierfür den Begriff *strategische Architektur*. Dieser Begriff soll den Unterschied zur traditionellen strategischen Planung verdeutlichen, die einen bürokratischen und kurzfristigen Prozess mit wenig Freiraum für Kreativität und ohne Sinngebung beinhaltet.

Mut zum flexiblen Experimentieren

Im Gegensatz zum konventionellen Strategiemanagement handelt es sich bei der strategischen Architektur eher um einen Bauplan für den Rohbau. Der Innenausbau muss je nach Situation und Problemstellung immer wieder neu erfolgen. In einer nichtlinearen Welt können nur flexible Strategien substanzielle neue Werte erzeugen. Das setzt aber den Mut zum Experimentieren voraus.
Unternehmen können sich selbst und die Spielregeln ihrer Branche nur dann neu erfinden, wenn sie Meinungsvielfalt und eine umfassende Kommunikation innerhalb des Unternehmens und über die Grenzen hinaus ermöglichen. Nur eine solche Unternehmenskultur gewährleistet die nötige Kreativität, um unerwartete Chancen zu nutzen und flexibel auf Veränderungen zu regieren.

Die Erkenntnisse der Komplexitätstheorie nutzen

Die bei Hamel und Prahalad anzutreffenden Strategievorstellungen entstanden aus einer genauen Betrachtung der Erfolge japanischer Unternehmen, die offenbar weniger von detaillierter Planung hielten als westliche Unternehmen.

Die Meinung der beiden Autoren zu Kreativität, Vielfalt und Experimentierfreude basiert auf den Erkenntnissen der Komplexitätstheorie. Demnach können Unternehmen dann am besten auf grundlegende Veränderungen reagieren, wenn sie nicht zu perfekt an ihre Umwelt angepasst sind. Das ermöglicht und begünstigt:

- Die Möglichkeit zur spontanen Selbstorganisation von Teams
- Das Tolerieren paralleler Entwicklungen (z. B. Produkt- oder Marktstrategien)
- Das Reduzieren von Ängsten vor Veränderungen

Die nachfolgende Übersicht (nach Hamel, Prahalad, 1995) verdeutlicht den Unterschied zwischen der traditionellen strategischen Planung und der Idee der strategischen Architektur.

	Strategische Planung	**Strategische Architektur**
Planungsziel	Verbesserung der Marktposition und des Marktanteils	Neuformulierung der Spielregeln; Schaffen neuer Wettbewerbsräume
Planungsprozess	■ formal, auf strategische Geschäftseinheiten ausgerichtet ■ fußt auf bestehender Branchen- und Wertschöpfungsstruktur ■ Harmonisierung von Ressourcen und Plänen ■ Kapitalverteilung auf konkurrierende Projekte	■ forschend, offen ■ basiert auf Diskontinuitäten und Kompetenzen ■ Suche nach neuen Funktionen und Wegen zu deren Bereitstellung ■ Erweiterung der Chancenhorizonte ■ Unternehmen als Gesamtheit
Planungsressourcen	■ Führungskräfte der strategischen Geschäftseinheit ■ wenige Experten ■ Stabsstellen	■ viele Manager ■ gemeinsames Wissen aller Linien- und Stabsmitarbeiter

2. Visionsmanagement

Das Thema Vision ist seit etwa 20 Jahren Diskussionsgegenstand im Zusammenhang mit Fragen der unternehmerischen Zukunftsgestaltung und Strategieformulierung. Für viele Verantwortungsträger hierzulande hat der Begriff *Vision* einen „bitteren Beigeschmack“ im Sinne von Irrglauben oder extremem Fanatismus. Das könnte mit den Besonderheiten der jüngeren deutschen Geschichte zusammenhängen. Aber historische Fehlentwicklungen kann man nicht der Vision als solcher anlasten, sondern dem konkreten Inhalt. Visionen, etwa von der Art „I have a dream“, mit der Martin Luther King auf eine mögliche Zukunft aufmerksam gemacht hat, haben meist einen zutiefst humanistischen Kern.

Ohne Vision kein Erfolg

Eine Vision ist eine weit in die Zukunft hinein reichende Zielvorstellung. Sie ist aber noch mit Unklarheiten bezüglich des Weges, der Strategie und Taktik behaftet. Dennoch hat sie langfristigen Ziel- und Richtungscharakter, vorausgesetzt, sie wird nicht nur gedacht, sondern auch aktiv kommuniziert. Menschen und Unternehmen, die erfolgreich bleiben wollen, brauchen anschauliche Zukunftsvisionen.

2.1 Zum Begriff

Lexika definieren den Begriff *Vision* im Sinne von „geistiger Schau“, „Sinnestäuschung“, „Erscheinung in religiöser oder künstlerischer Verzückung“. Doch im Kontext von Zukunftsmanagement ist visionäre Gedankenarbeit ein Denken außerhalb der Norm ohne Schere im Kopf. So gesehen sind

Visionen das Ergebnis kreativer Höchstleistungen, ohne als skurril oder absurd empfunden zu werden. Sie sind innere Bilder einer künftigen Wirklichkeit, die zwar realisierbar, bisher aber noch nicht Realität sind. Diese dürfen nicht zu weit von der Problemlösung entfernt sein, um auch kleine Schritte des Erfolges wahrzunehmen. Eine Vision soll auf lange Zeit Anregung und Ansporn bleiben und zukunftsgerichtete Dimensionen setzen.

Den Visionshorizont beachten

Die Abbildung zeigt, durch welche qualitativen und zeitlichen Dimensionen ein fast idealer Visionshorizont erreicht wird. Mithilfe dieser Dimensionen lassen sich Visionen klassifizieren, und man kann erkennen, ob es sich um Fantasien oder um naheliegende Aufgaben handelt. Das ist wichtig, denn viele technologische Langfristprognosen liegen daneben, weil der Visionshorizont nicht beachtet wurde. Nach Schätzungen von Experten sind es 80 bis 90 Prozent.

Visionshorizont

(Quelle: eigene Darstellung)

2.2 Sinn und Zweck einer Unternehmensvision

Eine Vision darf sich nicht an die Schranken von heute halten. Sie dient einem Unternehmen oder einer Organisation als Richtungsweisung und soll Grenzen der Gegenwart für die Zukunft überwinden. Die Vision muss aktives Handeln fördern und reaktives bremsen.

„You have to know where you're going, to be able to state it clearly and concisely – and you have to care about it passionately. That all adds up to vision, the concise statement/picture of where the company and its people are heading, and why they should be proud of it. The elements of a successful vision, we believe, lurk in our sections on Customers, Innovation and People, tailored of course to your organizations's specific circumstances." (Peters, Austin, 1985, S. 284)

Visionen mit kollektiver Kraft

In dieser Aussage des US-amerikanischen Managementdenkers Tom Peters wird nach einer Vision verlangt. Die klare und deutliche Benennung der Entwicklungsrichtung soll die Mitarbeiter eines Unternehmens oder die Mitglieder einer Organisation nicht nur lenken, sondern sie auch mit Stolz erfüllen. Zwar richten sich visionäre Zukunftsbilder an Einzelpersonen, aber sie müssen kollektive Kraft entfalten, um wirksam zu sein. Diesem Zweck dient das Visionsmanagement, denn die ganze Organisation soll motiviert und zielorientiert gesteuert werden.

Die Verknüpfung mit Unternehmensleitsätzen

Der Zwang zu Innovation und Leistungssteigerung löst Visionen aus. Aus diesem Grunde wird die Vision oft mit Unternehmensleitsätzen und/oder -richtlinien (z. B. Führungsgrundsätzen) verknüpft. Damit soll nicht nur die Richtung vorgegeben werden, sondern auch die Art und Weise, wie die Vision zu verwirklichen ist. Um dieses zu erreichen, besteht die Vision aus einem Zukunftsbild, das von den Unternehmensangehörigen angestrebt werden soll.

Die Anforderungen an eine Unternehmensvision

Was muss erfüllt sein, damit Visionen nicht zu Halluzinationen werden? Nach Peters und Austin müssen sie (vgl. Peters, Austin, 1985, S. 285 f.):

- Inspirierend sein
- Klar und herausfordernd sein
- Dem Markt sinnvoll erscheinen
- Den Turbulenzen der Zeit und Welt standhalten
- Fortwährend herausgefordert und in ihren Grenzen angepasst werden
- Als eine Art Leuchtfeuer bzw. Fanfare Orientierung und Halt bieten
- In erster Linie auf die Motivation der Mitarbeiter und erst in zweiter Linie auf den Kunden abzielen
- Vorstellungen in den Köpfen der Angesprochenen erzeugen
- Im Detail realisiert werden, statt nur breit vertreten zu werden

Das Bildliche ist wichtig

Das Bildliche ist dabei wichtig, denn der Mensch ist ein „Augentier". „Ein Bild sagt mehr als 1000 Worte", lautet ein chinesisches Sprichwort. Saint-Exupéry hat das literarisch anspruchsvoller formuliert: „Wenn du ein Schiff bauen willst, dann trommele nicht Männer zusammen, um Holz zu beschaffen, Aufgaben zu vergeben und die Arbeit einzuteilen, sondern lehre die Männer die Sehnsucht nach dem weiten, endlosen Meer." (Saint-Exupéry, Antoine de: Die Stadt in der Wüste. Die Citadelle. Düsseldorf: Karl Rauch, 1951, S. 46)

Auf heutige Verhältnisse übertragen bedeutet dies, dass man einen BMW-Werker mit der bildlichen Vorstellung eines Hightechautos eher begeistern kann als mit der Vision, den BMW-Aktienkurs in den nächsten Jahren zu verdoppeln.

2.3 Der Nutzen von Visionen

Dass eine Idee zur materiellen Kraft werden kann, zeigt die Menschheitsgeschichte. Revolutionen waren immer von Visionen im positiven und leider auch negativen Sinne begleitet, die den Revolutionären als Energiebrunnen dienten. Die einen träumten von einem vereinten Europa, die anderen vom großdeutschen Reich. Die 68er-Bewegung bezog ihre Kraft aus gesellschaftlichen Visionen bzw. aus dem, was Ernst Bloch „das Prinzip Hoffnung" nannte.

Die Vorstellungskraft ist die Macht des Geistes
über die Möglichkeiten der Dinge.
Wallace Stevens

Die Kraft der Vision

Der Marxismus schöpfte seine Energien unter anderem aus der Vision einer klassenlosen Gesellschaft, womit letztendlich eine völlig neue Qualität von Wirtschaft, Gesellschaft und Politik gemeint war, aber sicher nicht das, was Stalin, Mielke und Genossen daraus machten. Mit dieser Vision konnte der stalinistisch geprägte Sozialismus ein Drittel der Welt erobern. Eine Idee materialisiert sich und wird zur Kraft, sobald sich die Massen zu ihr bekennen, meinte Karl Marx einmal.

Eine Vision ist menschliche Energie

Das ist in Firmen, Vereinen und Verbänden nicht anders als in der Gesellschaft. Visionen sind menschliche Energien, die es zu nutzen gilt. Sie sind eine Art Kompass, der dafür sorgt, dass das Management und die Mitarbeiter von Organisationen und Unternehmen die richtige Richtung finden.

Empirische Befunde zum Thema Vision

Die US-Wirtschaftswissenschaftler James Collins und Jerry Porras kommen nach ihrer sechsjährigen Untersuchung zu „visionären Unternehmen" zu folgenden Ergebnissen (Collins, Porras, 1995):

- Die schriftlich niedergelegte Unternehmensvision ist nicht von dominanter Wichtigkeit für den Erfolg eines Unternehmens.
- Um ein erfolgreiches Unternehmen zu gründen, bedarf es keiner großartigen Anfangsidee.
- Visionäre Unternehmen unterwerfen sich nicht der „Tyrannei des Oder". Sie entscheiden sich für die paradoxe Sicht des „Und".
- Sie zeichnen sich durch Experimentierfreude aus.
- Visionäre Unternehmen halten konstant an ihren Grundwerten fest.
- Es bestehen keine „richtigen" Grundwerte. Zwei visionäre Unternehmen können verschiedene Philosophien haben und doch sehr erfolgreich sein.
- Visionäre Unternehmen rekrutieren ihre Manager in der Regel nach dem Grundsatz „Aufstieg vor Einstieg".
- Sie setzen riskante Ziele bewusst ein, um ihre Weiterentwicklung zu fördern. Das Management motiviert Mitarbeiter durch den Nervenkitzel, den riskante Ziele mit sich bringen.
- Es geht ihnen primär nicht darum, die Mitbewerber zu übertrumpfen, sondern sich immer wieder selbst zu überholen.
- In vielen visionären Unternehmen herrscht ein großer Konformitätsdruck.

Rolf Berth fand heraus, dass nur 12 Prozent der Manager visionär orientiert führen. Noch zu Beginn der 1990er-Jahre stieß er auf eine breite Antivisionsfront. 93 Prozent seiner Gesprächspartner lehnten die Idee des Visionsmanagements ab (Berth, 1995).

Zum Typ des Visionärs

Die Ursache könnte in der typologischen Häufigkeit der verschiedenen Managementtypen liegen. Führungskräfte haben mentale Schwerpunkte ihrer Tätigkeit, so wie andere Menschen auch. Demnach befindet sich der Typ des Visionärs im

Vergleich zu anderen Managerpersönlichkeiten in der Minderheit, und zwar in diesem Verhältnis (vgl. Berth, 1995, S. 186):

- (Reformerischer)Visionär 5 Prozent
- (Systematischer) Entdecker 11 Prozent
- (Vernünftiger) Analysierer 32 Prozent
- (Konservativer) Anpasser 11 Prozent
- (Vorsichtiger) Organisator 22 Prozent
- (Geschickter) Macher 19 Prozent

Fazit: Aus Visionen müssen Ziele werden.

Von der Vision zum Ziel

Der Unterschied zwischen dem Leitbild, der Vision und dem Ziel liegt in der Konkretheit der jeweiligen Absicht. Von der Vision bis hin zum operativen Ziel wird die Absicht Schritt für Schritt konkreter. Die der Vision folgenden Stufen wären die Strategie, dann die sich daraus ergebenden Ziele und daraus folgend die Maßnahmen. Erst wenn die Ziele qualifiziert, quantifiziert und terminiert, also sollfähig und istfähig sind, hat ein Unternehmen einen Wegweiser für sein Handeln und haben die Mitarbeiter den notwendigen roten Faden für ihre Arbeit. Vor- und nebengelagert ist das Leitbild des Unternehmens als die grundlegende Botschaft nach innen und außen.

3. Strategisches Management

Der Wettlauf um die Zukunft ist zur Königsdisziplin der strategischen Unternehmensführung geworden. Man benötigt Strategien als Wegbeschreibung zum Ziel. Das ist der Zweck des strategischen Managements.

Definition Man kann es auch präziser ausdrücken: „Strategie ist ein Aktionsplan, der sich mit gegenwärtigen und zukünftigen Entwicklungen im Umfeld eines Unternehmens und zukünftigen Entwicklungen eines Unternehmens befasst und Entscheidungen über finanzielle und menschliche Ressourcen darstellt, um Leistungen zu steigern und langfristige Ziele zu erreichen." (Camphausen, 2007, S. 15). Einer der Väter des strategischen Managements, Igor Ansoff, definierte strategisches Management so: „Strategie ist die Kunst und die Wissenschaft, alle Kräfte eines Unternehmen so zu entwickeln und einzusetzen, daß ein möglichst profitables, langfristiges Überleben gesichert wird." (Ansoff, 1966, S. 11)

Die nachfolgenden Definitionen geben Ihnen einen Hinweis darauf, was strategisches Management enthält und bezweckt. Inhalt und Richtung werden klarer:

- „Strategie ist die Konkretisierung eines von der Unternehmenspolitik vorgegebenen leitenden Gedankens." (Unbekannt)
- „Strategie ist das Schaffen einer einzigartigen und werthaltigen Marktposition unter Einfluß einer Reihe differenter Geschäftstätigkeiten." (Porter, 1983, S. 17)
- „Strategie ist eine Perspektive, nämlich die grundlegende Art und Weise, wie eine Organisation agiert." (Unbekannt)

- „Strategie bedeutet, daß man andere Maßnahmen als bisher setzt, um eine einzigartige und wertvolle Position zu erreichen.“ (Porter, 1995, S. 68)

Strategie	Taktik
grundsätzlich	situativ
Rahmen	Inhalt
mittel- bis langfristig	kurzfristig
wenig reversibel	flexibel
zukunftsorientiert	augenblicksbasiert

Zur strategischen Planung

Während man in den 1960er-Jahren den Zeithorizont, genauer gesagt die Langfristigkeit, als Bezugsrahmen für das strategische Management sah, konzentrierte man sich später auf die sogenannten Erfolgspotenziale. Noch in den 1970er-Jahren galt die Strategie als langfristiges Instrument zur Sicherung von Wettbewerbsvorteilen. Strategische Planung setzt zwar eine gewisse Langfristigkeit voraus, aber nicht jede langfristige Planung erfüllt strategische Aufgaben. Langfristplanung deckt einen gewissen Zeitraum ab. Aber die strategische Planung geht weiter, indem sie sich auch mit der Festlegung geeigneter Maßnahmen und der Definition der maßgeblichen Erfolgshebel befasst. Genauere Informationen hierzu können Sie dem Buch *Kursbuch Strategie,* München 2008, redline-verlag, vom Autor des vorliegenden Buches entnehmen, das weiterführende Informationen enthält (siehe <www.redline-verlag.de>).

Strategische Fragestellungen

Heute wird mit dem Begriff *Strategie* ein Denken und Verhalten charakterisiert, das an übergeordneten, in die Zukunft hineinreichenden Zielen orientiert ist und auf einer umfassenden Sichtweise basiert. So soll die strategische Planung unter anderem Antworten auf solche und ähnliche Fragen geben:

- Wie reagieren wir gekonnt auf Diskontinuitäten im Wettbewerb?
- Wie nutzen wir die Globalisierung?
- Wie bringen wir langfristige Ziele und Flexibilität unter einen Hut?

Die strategische Unternehmensführung ist durch eine ausgeprägte Zukunftsorientierung gekennzeichnet und das damit notwendige Bemühen, sich auf unterschiedliche Umfeldsituationen vorzubereiten und entsprechende Handlungsmuster parat zu haben.

3.1 Der Zweck einer Strategie

Definitionen reduzieren einen Sachverhalt auf die signifikanten Inhalte. Der Zweck einer Strategie, das langfristige Überleben zu sichern und den Unternehmenswert zu steigern, ist klar. In der klassischen deutschsprachigen Literatur wird dieses mit dem Konzept der Erfolgspotenziale von Aloys Gälweiler erklärt (Gälweiler, 2005). Strategien konzentrieren sich demnach auf den Aufbau, die Erhaltung und die Nutzung möglichst lukrativer strategischer Erfolgspotenziale. Sie sind die Voraussetzung für den dauerhaften Erfolg eines Unternehmens. Zu diesem Zweck muss man aber die strategischen Erfolgspotenziale seines Unternehmens bzw. seiner Organisation kennen.

Nutzen der Strategie

Der Nutzen einer Strategie liegt in folgenden Punkten:

- Sie zwingt zu überlegtem Handeln.
- Sie reduziert die Gefahr von Überraschungen.
- Sie schützt vor Verzettelung und Zersplitterung Ihrer Kräfte.
- Sie schafft Konsequenz und gibt Energie.
- Sie gibt Ihrem Unternehmen „Charakter“ und „Persönlichkeit“ (Corporate Image).

- Sie sorgt dafür, dass alle an einem Strang ziehen.
- Sie fundiert Entscheidungen und Handlungen.

Strategische Hauptfragen

Das setzt aber voraus, dass diese Hauptfragen geklärt sind:

- Wer sind wir (Identität)?
- Wer wollen wir sein?
- Wo stehen wir jetzt?
- Was bieten wir wem wie an (Kunden, Märkte, Vertriebswege)?
- Wo wollen wir hin (Geschäftsfelder, Ziele)?
- Was müssen wir dafür einsetzen (Kompetenzen, Ressourceneinsatz)?
- Wie wollen wir es tun (Prozesse und Strukturen)?

Effektivität und Effizienz

Peter Drucker sieht den Zweck einer Strategie darin, zu klären, ob ein Unternehmen die richtigen Dinge tut, und hebt dies im Unterschied von Effektivität und Effizienz hervor. Demnach ist Effektivität ein mittel- bis langfristiges Handeln, bei dem Wirkungen erzielt werden, aus denen ein optimales Ergebnis resultiert. Dies ist im Unterschied zur Effizienz unabhängig von dem zur Zielerreichung nötigen Aufwand. Effektiv arbeiten bedeutet, ergänzend daran zu arbeiten, mit dem Blick auf die Wirksamkeit und unter Einsatz der benötigten Mittel ein Ziel zu erreichen (vgl. Drucker, 1967).

3.2 Strategiearten, -ebenen, -felder und -inhalte

Hört man das Wort *Strategie*, denkt man meist an *eine* Strategie. In der Praxis sind es aber oft mehrere Strategien, zumeist nach-, neben- oder untergeordnete Strategien, die ein Unternehmen verfolgt. Jede dieser Strategien soll auf ihre spezielle Art dazu beitragen, den langfristigen Erfolg eines Unternehmens zu sichern. So existieren funktional eingegrenzte Strategien für ausgesuchte Funktionsbereiche des

Unternehmens, zum Beispiel Finanzstrategie, Beschaffungsstrategie, Personalstrategie, Qualitätsstrategie. Man bezeichnet sie als Funktionalstrategien. So sorgt beispielsweise die Finanzstrategie für ausreichende Liquidität, die Beschaffungsstrategie sichert die Versorgung mit wichtigen Materialien, und auch die technologische Richtung des Unternehmens wird strategisch festgeschrieben.

Strategiethemen und -felder

Daneben gibt es übergreifende Strategien, in denen ein Unternehmen Themen wie Kosten, Qualität, Risiko oder Internationalisierung strategisch formuliert. Sie betreffen alle Geschäftsbereiche und Themen des Unternehmens.

In der Praxis anzutreffen sind auch Strategien als Aussagen über die Entwicklungsrichtung eines Unternehmens, etwa Wachstum, Angriff oder Verdrängung. Beispielsweise betrieb WalMart in Deutschland eine Angriffsstrategie, scheiterte aber. Die Übersicht gibt nur eine grobe Orientierung möglicher Strategiefelder. Eine exakte Bestimmung ist wegen der vielen Überschneidungen kaum möglich.

Richtungsstrategien	**Funktionalstrategien**	**Übergreifende Strategien**	**Marktstrategien**	**Eigenständigkeitsstrategien**
Wachstumsstrategien Stabilisierungsstrategien Angriffsstrategien Verdrängungsstrategien Schrumpfungsstrategien	Finanzierungsstrategien Innovationsstrategien Personalstrategien Produktionsstrategien Marketingstrategien	Kosten Qualität Internationalisierung Prozesse	Marktdurchdringung/ Marktentwicklung Diversifikation Produktentwicklung Differenzierung Nische Kostenführerschaft	Autonomiestrategien Kooperationsstrategien Integrationsstrategien

Es ist denkbar, dass ein Produkt oder ein Angebot mehrere Strategiefelder durchläuft. Ist es neu auf dem Markt, wird es mit einer Wachstumsstrategie gepusht. In der Auflaufphase wird im Rahmen einer Desinvestitions- oder Abschöpfungsstrategie noch das letzte Quäntchen Profit aus dem Angebot herausgepresst. Auch Markt- und Richtungsstrategie gehen ineinander über, soweit diese begriffliche Differenzierung überhaupt Sinn hat.

Unterschiedliche Aktionen in unterschiedlichen Strategiephasen

Ein Beispiel

Werfen wir einen Blick auf irgendein Unternehmen, so wie es sich von der Organisation her präsentiert. Das Unternehmen als Ganzes hat eine Strategie, eine Art Hauptrichtung für alle nachgelagerten Ebenen. Diese *Corporate Strategy* ist marktübergreifend. Durch sie werden die Fragen beantwortet: In welchen Branchen wollen wir uns engagieren? Wie viel Geld wollen wir in welcher Branche investieren? In welchen Ländern wollen wir uns engagieren?

Darunter agieren die verschiedenen Geschäftsbereiche, die je nach Produkt und Angebot eigene Strategien verfolgen, im Grundsätzlichen jedoch angelehnt an die Unternehmensstrategie. Hierbei handelt es sich um die konkreten Geschäfts- bzw. Wettbewerbsstrategien. Jeder dieser Geschäftsbereiche, zumeist Tochterunternehmen, ist untergliedert in die normalen Hauptabteilungen wie Produktion, Absatz, Finanzen und Personal. Auch dort werden strategische Überlegungen angestellt, teilweise von der Konzernspitze oder aus dem Geschäftsbereich kommend. Hierbei handelt es sich um die Funktionalstrategien.

Wettbewerbs- und Funktionalstrategien

Da Unternehmen vernetzte Systeme sind, hat jede Entscheidung an der Spitze Wirkungen bis nach unten an die Basis. Manche Unternehmensstrategie ist von vornherein nicht umsetzbar, wenn nicht gleichzeitig technologische, personelle oder finanzwirtschaftliche Veränderungen stattfinden: Ein

Vernetzte Systeme erfordern vernetzte Strategien

Unternehmen ist wie ein vielgliedriges Getriebe, das gut geschmiert sein muss, sodass die Kraftübertragung zwischen den Wellen funktioniert. Darum reicht es nicht, wenn Sie nur eine wohlklingende Strategie für den Wettbewerb formulieren, ohne die Teilfunktionen auszurichten, denn die Funktionalstrategien stehen mit allen anderen Strategiearten in engem Zusammenhang.

Ein Strategiesystem kann etwa so aussehen:

Strategische Ebene	Strategiearten
Unternehmen/Konzern/Holding (Corporate Level) Was machen wir?	■ Unternehmens- bzw. Konzernstrategien ■ Wachstumsstrategie ■ Stabilisierungsstrategie ■ Desinvestitionsstrategie
Geschäftsbereich/Tochterunternehmen/ Niederlassung (Business Level) Wie machen wir es?	■ Geschäftsbereichsstrategien ■ Kostenführerstrategie ■ Differenzierungsstrategie ■ Nischenstrategie
Abteilungen (Functional Level) Wie unterstützen wir die übergeordneten Strategien?	■ Funktionsbereichsstrategien ■ Beschaffungsstrategie ■ Produktionsstrategie ■ Finanzstrategie ■ Technologiestrategie ■ Vertriebsstrategie

Marktkonforme Regionalstrategien

Stellen Sie sich vor, Ihr Unternehmen eröffnet eine Filiale in der Nähe oder an einem anderen Standort in Deutschland oder in Nordeuropa. Dort herrschen andere Marktbedingungen als auf Ihrem Stammmarkt. Es sind andere Mittel und Wege für den Erfolg erforderlich. Sie benötigen also eine auf diesen Markt abgestimmte *Regionalstrategie*, die wiederum andere Strategieaspekte wie Personal, Marketing oder Finanzierung beinhaltet. Beispiel: In Argentinien oder in Russland verfolgt der VW-Konzern andere Wege als hierzulande.

3.3 Phasen und Ablauf des Strategieformulierungsprozesses

Der Begriff *Prozess* besagt, dass die diversen Aktivitäten der Strategieformulierung und -umsetzung in einem Zusammenhang stehen und in einer zeitlichen und inhaltlichen Reihenfolge durchlaufen werden. Die Grundlage hierfür bildet der vorne vorgestellte Managementprozess. Er dient als Leitfaden für alle Formen des Managements, für das Qualitätsmanagement ebenso wie für das Projekt- oder auch das strategische Management.

Modifikation des Prozessmodells

Jedoch hat das strategische Management infolge seines umfassenden Charakters mehr vor-, nach- und nebengelagerte Funktionen als andere Managementfelder. Das führt zu einer notwendigen Modifikation des Prozessmodells. Das genau beinhaltet die nachfolgende Abbildung. Wir gehen sie im nachfolgenden Abschnitt Schritt für Schritt durch.

3.4 So entwickeln Sie Ihre Strategie

In diesem Teilkapitel lernen Sie, Ihre eigene Strategie zu entwickeln. Die einzelnen Etappen basieren auf diesen drei strategischen Grundfragen:

- Wo stehen wir heute?
- Wohin wollen wir bis wann?
- Wie gelangen wir dorthin?

1. Schritt: Was ist Ihr Geschäft?

„Kennen Sie Ihr Geschäft?“ Was für eine verrückte Frage, denken Sie. Vielleicht hat es mehr Sinn, Sie zu fragen: „Was ist Ihr Geschäft?“ Versuchen Sie es einmal mit einer eigenen Definition. Solche Geschäftsfelddefinitionen sind oft der Schlüssel für den Geschäftserfolg oder -misserfolg.

Der Strategieprozess

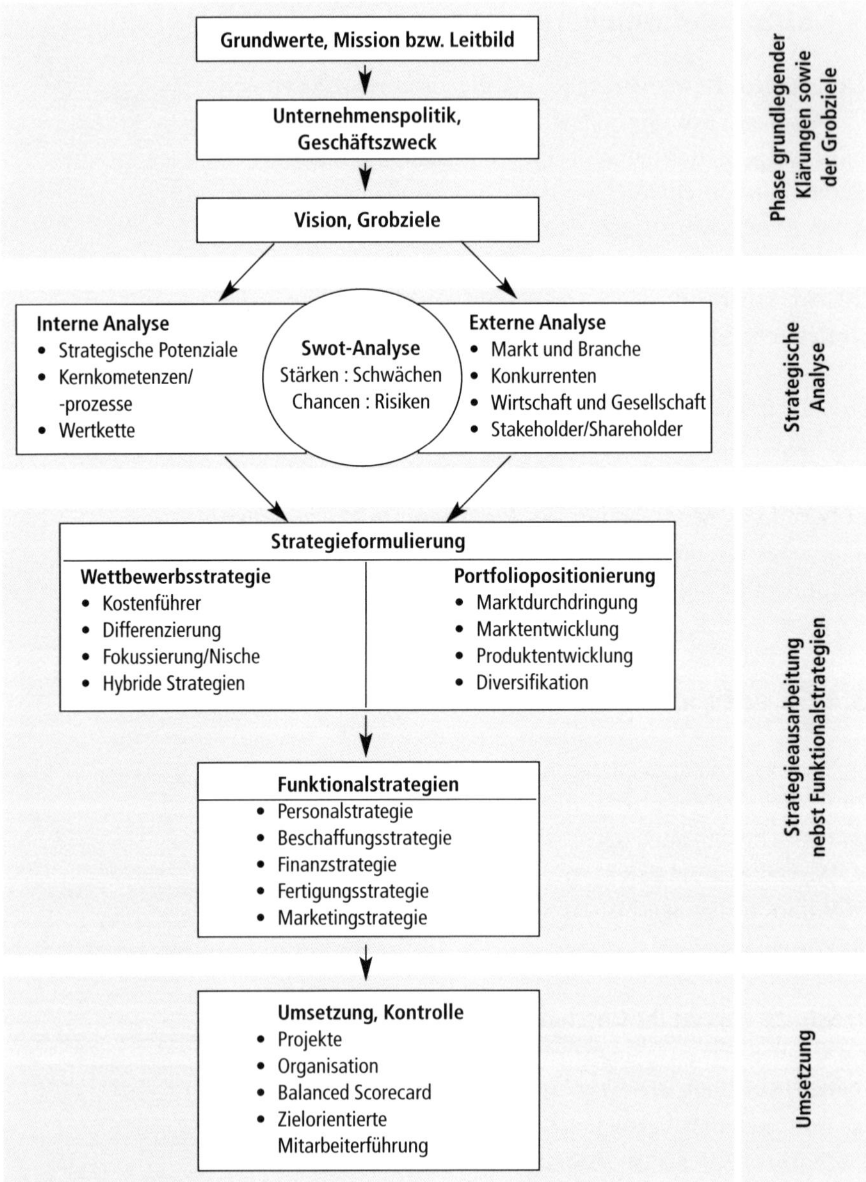

(Quelle: Walter Simon, Kursbuch Strategie, München 2008, redline-verlag [siehe <www.redline-verlag.de>])

Hätte man die US-amerikanischen Eisenbahnchefs etwa um 1940 herum gefragt, was ihr Geschäft sei, dann hätte die Antwort gelautet: die Eisenbahn. Diese Antwort war richtig und falsch zugleich. Natürlich nennt man ein schienengebundenes Unternehmen Eisenbahn. Zu dieser Zeit verdiente man Geld auf der Schiene, auf der das „Produkt" Eisenbahn rollte.

Was ist Ihr Geschäft?

Auch andere Unternehmen und andere Branchen machen den Fehler, ihr Geschäftsfeld sehr eingeengt zu definieren und damit ihre Marktchancen einzuengen. Aber nirgendwo steht geschrieben, dass Tchibo nur Kaffee oder eine Tankstelle nur Treibstoff und Motorenöl verkaufen darf. An Treibstoff verdienen die Pächter kaum etwas, eher an Brötchen und Zeitschriften. Fragen Sie darum nicht danach, was Sie können, sondern danach, was Sie außerdem noch könnten. Sie sollten Ihr Unternehmen, Ihren Laden, Ihre Werkstatt oder Ihre Praxis einmal aus diesen Blickwinkeln definieren.

- Vom Produkt/Angebot her – produktorientierte Definition: Was stellen wir her? Was bieten wir an?
- Vom Kundenbedürfnis her – bedürfnisorientierte Definition: Welches Kundenbedürfnis befriedigen wir?
- Von der Kompetenz her – kompetenzorientierte Definition: Was können wir besonders gut?

2. Schritt: Wofür oder für welche Werte steht Ihr Geschäft?

Bei der Frage „Wofür stehen Sie?" geht es genau genommen um drei Themenbereiche:

- Ihre *Grundannahmen* zum Geschäft, die sogenannten „mentalen Modelle".

  Auch Sie tragen mentale Modelle in sich. Dazu gehören Ihre Sichtweisen bzw. Grundeinstellungen, Ihr Weltbild, Ihre Normen und Werte. Jeder Mitarbeiter und Vorgesetzte entwickelt im Laufe seiner Tätigkeit eine bestimmte Sichtweise für bestimmte Situationen, die er als

Denk- und Wahrnehmungsschablone einsetzt, um einen Sachverhalt zu analysieren und zu interpretieren. Jegliche Art, etwas zu sehen oder zu hören, ist nur eine von mehreren Möglichkeiten der Wahrnehmung. Wir müssen also um die Relativität unserer Denkschablonen wissen.

- Die *Grundwerte*, für die auch die Begriffe *Unternehmensphilosophie* und *Mission* stehen.
  Im Deutschen wird hierfür oft das Wort *Unternehmensleitbild* verwendet. Nachstehend wird der Begriff *Grundwerte* benutzt.
  Ihre Grundwerte drücken kurz, präzise und verständlich aus, wofür Ihr Unternehmen steht. Es handelt sich also nicht um Unternehmensziele, die sich häufig ändern, sondern um das, was Ihnen zeitlos „heilig" ist oder den Charakter Ihres Hauses ausmacht. Diese Grundsätze bedürfen keiner weiteren Rechtfertigung. Je bewusster sich eine Organisation ihrer Grundwerte ist, umso leichter fällt es ihr, ihre Strategie umzusetzen.
  Grundwerte sollten nicht aus dem Kopf, sondern aus dem Bauch kommen. Die Frage lautet auch nicht: „Welche Grundwerte passen zu uns?", sondern „Welche haben wir tatsächlich?" Oder: „Was ist die Seele unseres Unternehmens?" Insofern spielen die Grundwerte auch eine wichtige Rolle bei der Frage „Wer passt zu uns und wer nicht?".
- Die *Vision*, ein anspruchsvolles, Konturen, gegebenenfalls auch Risiken aufweisendes Ziel mit einem längeren Zeithorizont.

Grundwerte stützen Visionen

Mission (Grundwerte) und Vision und strategisches Management stützen und fördern sich gegenseitig. Dennoch unterscheiden sie sich. Im Gegensatz zu den unverrückbaren, die „Seele" des Unternehmens ausmachenden Grundwerten handelt es sich bei den Visionen um gedachte Zukunftsbilder (vgl. Kapitel A 2).

3. Schritt: Was sind die Stärken und Schwächen Ihres Unternehmens?

Wenn Sie unternehmerisch Erfolg haben wollen, müssen Sie sich auf Ihre Stärken besinnen und konzentrieren: Dort, wo Sie stark sind, sollten Sie noch stärker werden. In allen strategietheoretischen Modellen wird die Konzentration der Kräfte auf das empfohlen, was ein Unternehmen am besten kann, womit es seinen Kunden den größten Nutzen bietet. Stärken sollten der Ausgangs- und der Endpunkt Ihrer unternehmerischen Aktivitäten sein.

Die Bedeutung der Erfolgspotenziale

Der Begriff *Stärken* wird oft auch mit *Erfolgspotenziale* umschrieben. Das sind diejenigen Eigenschaften und Fähigkeiten Ihres Unternehmens, mit denen Sie die Grundlagen für zukünftige Bilanzgewinne legen. Man nennt sie deshalb Erfolgspotenziale. Darunter fallen unter anderem: Innovationen (z. B. 3M), der Standort, Patente (z. B. Fischer-Dübel), Sicherheit (z. B. Volvo), Qualität (z. B. Hilti), Preisführerschaft (z. B. ALDI). Sie sollten, bevor Sie Gewinn und Liquidität planen, über diese Erfolgspotenziale als „Vorsteuergrößen" nachdenken. Gewinn ist das Ergebnis der vorsteuernden strategischen Planung und Unternehmensführung.

Die SWOT-Analyse als Hilfsmittel

Eine SWOT-Analyse hilft Ihnen, Ihre Erfolgspotenziale zu ermitteln. SWOT steht für Strenghts (Stärken), Weaknesses (Schwächen), Opportunities (Chancen) und Threats (Risiken). Sie zeichnen eine Vier-Felder-Matrix und schreiben in die beiden oberen Felder Stärken und Schwächen und in die beiden unteren Chancen und Risiken. Nun listen Sie die infrage kommenden Stichworte auf. Wenn Sie also Ihre Erfolgspotenziale kennen, können Sie sie gezielt für Ihre strategische Planung und Unternehmensführung einsetzen; sie sind die Bedingung für zukünftige Erfolge und haben damit die Funktion von Orientierungshilfen. Sie als Manager wissen nun, was Sie im Auge behalten, worauf Sie besonders achten müssen, um Ihren Erfolg nicht zu gefährden. Wenn etwa bei Mercedes-Benz Reklamationen in puncto Qualität zunehmen, dann ist eine wichtige strategische Erfolgsposition gefährdet, die sich über kurz oder lang auf die Bilanz auswirkt.

4. Schritt: Durchführung einer Umfeldanalyse

Ihr Unternehmen ist von einem Umfeld umgeben, das Ihnen Chancen bietet, aber auch Risiken enthält. Beides müssen Sie rechtzeitig erkennen. Eigentlich dient Ihre Strategieplanung nur dem einen Zweck, die richtigen Schlüsse aus den Beziehungen Ihres Unternehmens zum Umfeld zu ziehen. Wenn Sie das vernachlässigen, handeln Sie fahrlässig.

Wer oder was gehört zum Umfeld?

Die relevanten Informationen betreffen das Umfeld Ihres Unternehmens als auch die Firma selbst. Vieles wirkt auf Ihr Unternehmen. Im *internen Umfeld* sind es Ihre Mitarbeiter, aber auch die Prozesse, ja selbst die Unternehmenskultur. Hier haben Sie Einflussmöglichkeiten. Im *näheren Umfeld* wirken Mitbewerber, die Branche und der Markt auf die Entwicklung Ihrer Firma. Dieser Bereich ist weniger beeinflussbar. Im *weiteren Umfeld* sind es Technik, Politik, das Rechtswesen, die Gesellschaft und Wirtschaft sowie soziokulturelle Faktoren. Auf diesem Terrain sind Sie nur einer von vielen Zuschauern ohne Eingriffsmöglichkeiten.

Es gibt verschiedene Möglichkeiten, Ihre Unternehmensumwelt zum Zwecke der Analyse zu strukturieren. Die nachfolgende Übersicht enthält einige Vorschläge.

Zweckmäßigerweise gehen Sie bei Ihrer Analyse von der übergeordneten Ebene aus, die als logische „Wenn-dann-Beziehung" Ihre Gestaltungsspielräume prägt. Zu diesem Zweck könnten Sie konzentrische Kreise zeichnen oder eine sogenannte Mindmap entwerfen.

Geografische Gliederung	Distanzorientierte Gliederung	Gesellschaftsbezogene Gliederung	Branchenbezogene Gliederung
■ lokal ■ regional ■ national ■ kontinental ■ global	■ interne Umwelt ■ nahe Umwelt ■ ferne Umwelt	■ soziologische Faktoren ■ technologische Faktoren ■ globalökonomische Faktoren ■ ökologische Faktoren ■ politische Faktoren ■ soziokulturelle Faktoren ■ rechtliche Faktoren	■ Hauptkonkurrent ■ Mitbewerber ■ Lieferanten ■ Branche ■ Markt

Shareholder und Stakeholder

Zur Analyse der Umwelt gehört auch die Frage nach den Erwartungen Ihrer Stakeholder. Während die Shareholder-Analyse die Erwartungen der Anteilseigner in den Mittelpunkt des Interesses stellt, fragt die Stakeholder-Analyse nach den Wünschen und Hoffnungen der sozioökonomischen Umwelt. Die strategische Planung und Unternehmensführung versucht nun, die Interessen beider Anspruchsgruppen in Einklang zu bringen.

Wer sind die Stakeholder?

Zu den Stakeholdern gehören die Mitarbeiter mit ihrem Anspruch auf Beschäftigung und Entgelt, die Kunden, die zu Recht Liefertreue und Qualität erwarten, die Lieferanten, die Kapitalgeber mit ihrer Erwartung der Zinszahlung und der Staat, der seine Steuergelder wenig zartfühlend einfordert. Neben diesen unternehmensnahen Anspruchsgruppen, deren Beziehung auf Leistung und Gegenleistung beruht, gibt es unternehmensferne Stakeholder, wie Parteien, Verbände, Kirchen oder einzelne Bürger.

5. Schritt: Welche Märkte wollen Sie zukünftig mit welchen Produkten und welchen Angeboten bedienen?

Natürlich haben Sie sich schon so Ihre Gedanken gemacht, wohin die Reise gehen soll, aber es fehlt an einem Kursbuch nebst Wegbeschreibungen. Natürlich ist Wachstum das Ziel der meisten Unternehmen, bedenken sollten Sie aber, dass es mehrere Wachstumspfade gibt. Beginnen wir zunächst mit der Produkt-Markt-Matrix von Igor Ansoff.

Strategiebestimmung über die Produkt-Markt-Matrix

Hierbei handelt es sich um ein Modell für mögliche strategische Entwicklungsrichtungen. Diese werden in die Kategorien Märkte und Produkte unterteilt. Durch Konzentration auf jeweils bestehende oder neue Märkte beziehungsweise Produkte ergeben sich nachfolgende Kombinationsmöglichkeiten.

Dabei ist zu beachten, dass sich „neu" ausschließlich auf die Unternehmung bezieht. Märkte oder Produkte können für Ihr Unternehmen neu sein, obwohl sie der Wettbewerb bereits bedient.

Die Produkt-Markt-Matrix

Markt \ Produkt	gegenwärtig	neu
gegenwärtig	***Marktdurchdringung*** Vergrößerung des Marktanteils	***Produktentwicklung*** Neue Produkte ersetzen alte
neu	***Marktentwicklung*** Neue Bedürfnisse mit den bestehenden Produkten erfüllen	***Diversifikation*** Neue Produkte Neue Zielgruppen Neue Bedürfnisse

(Quelle: eigene Darstellung nach Ansoff, 1966)

Marktfeld

Die Kombination Produkt/Markt bezeichnet man auch als das *Marktfeld*. Es zeigt Ihnen, an welche

- Zielgruppe sich das Unternehmen wendet und welche
- Problemlösungen angeboten werden.

Wachstums-möglichkeiten

Sie erkennen aus der obigen Matrix: Es gibt diese vier grundlegenden Wachstumsmöglichkeiten für Unternehmen.

- Marktdurchdringung: verstärkter Verkauf vorhandener Produkte an bestehende Kunden
- Marktentwicklung: Verkauf vorhandener Produkte an neue Kunden/Zielgruppen
- Produktentwicklung: Verkauf neuer Produkte auf dem gegenwärtigen Zielmarkt
- Diversifikation: Verkauf von neuen Produkten an neue Zielgruppen

Diese Strategieelemente und die dazugehörenden Instrumente haben zumeist eine wechselseitige Wirkung auf andere Strategieelemente. Ein besseres Produkt wirkt ebenso positiv auf die Marktdurchdringung wie diese umgekehrt auf die Marktentwicklung.

Strategie der Kostenführerschaft, Differenzierung oder Nischensuche

Porter meint, dass das strategische Zielobjekt auch ein anderes sein kann als nur ein hoher Marktanteil, nämlich Marktdurchdringung und -entwicklung. Er empfiehlt:

- Die Möglichkeit der Kostenführerschaft, verbunden mit einem hohen Marktanteil (Generalist mit viel Standardisierung).
- Die Differenzierungsstrategie (Spezialist mit entsprechender Fokussierung). Diese führt zu einem relativ geringen Marktanteil, da das Unternehmen nur ausgesuchte Zielgruppen anspricht, aber mit hohen Renditen rechnen kann.

- Die Konzentration auf Angebotsschwerpunkte, und zwar so dicht an den Problemen der Kunden, dass diese bereit sind, einen Mehrpreis zu zahlen.

Die vier grundlegenden Markt- bzw. Wettbewerbsstrategien

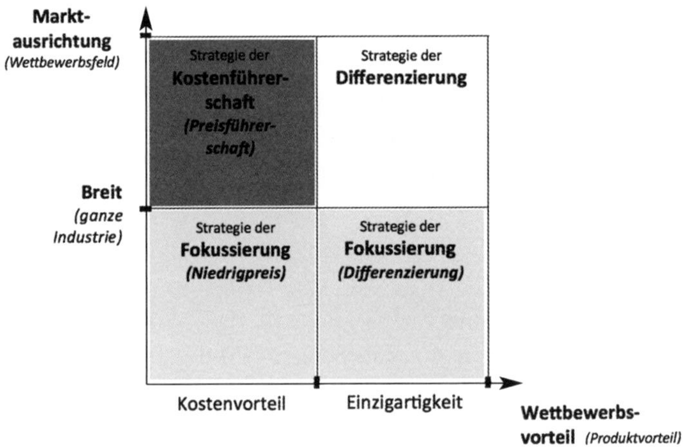

(Quelle: eigene Darstellung nach Porter, 1983)

Zwischen den Stühlen

Im Gegensatz zu diesen drei Strategietypen erreichen Wettbewerber, die sich „zwischen den Stühlen setzen", eher mittelmäßige Marktanteile und eine geringere Rentabilität. Daraus folgt, dass sie zu klein sind, um mit den Marktführern zu konkurrieren, und zu groß, um die Nischenvorteile der Spezialisten nutzen zu können. Ihre Positionierung ist zu unscharf, um von Abnehmern als attraktiv wahrgenommen zu werden. Darum ist eine „Strategie zwischen den Stühlen" zu vermeiden.

Die Strategiebestimmung über das Produkt- und Geschäftsfeldportfolio

Besitzen Sie ein Aktiendepot? Falls ja, dann haben Sie nicht nur Aktien einer Firma, sondern ein Wertpapierportfolio. Wahrscheinlich mischen Sie Ihre Anlagen so, dass Risiken durch die ertragsstärkeren Aktien ausgeglichen werden. Einige Ihrer Papiere sind riskant, dafür aber sehr profitabel, andere sehr sicher, zugleich aber ertragsschwach. Dieser Mix soll Ihnen eine langfristige und stetige Ertragssteigerung sichern.

Das Portfolio und sein Zweck

Dieses Prinzip wurde in die strategische Planung und Unternehmensführung übertragen. Unter einem Portfolio versteht man die Gesamtheit der Produkte oder Dienstleistungen, mit denen sich Ihr Unternehmen auf dem Markt präsentiert. Das Prinzip des Portfolios liegt in der optimalen Verteilung der (Geld-)Mittel auf verschiedene Unternehmensbereiche oder Produkte.

Möglichkeiten der grafischen Abbildung

Als eine grafische Grundlage dient ein quadratisches Vier-Felder-System. Es wird mit einem zweidimensionalen Beurteilungsraum in Form einer Matrix dargestellt. Das Schema arbeitet mit zwei Variablen, die auf der Abszisse und der Ordinate abgebildet werden. Die Variablen können sich auf vieles beziehen, zum Beispiel auf die Stellung der Mitbewerber oder die eigenen Produkte und Angebote. Im Falle der Vier-Felder-Matrix der Boston Consulting Group bezieht sich die vertikale Achse auf den nicht beeinflussbaren externen Sachverhalt „Marktwachstum“ und die horizontale auf den internen und beeinflussbaren Sachverhalt „Marktanteil“. Diese beiden Variablen können nun als hoch, mittel oder niedrig quantifiziert werden oder durch ein Punkteraster abgebildet werden.

Weitere Portfoliomodelle

Andere Portfoliomodelle arbeiten mit den Achsen „Marktattraktivität“ und „Wettbewerbsvorteil“ oder bevorzugen unternehmensbezogene Ressourcen, vor allem technologische Potenziale. Zwei bereits vorgestellte Konzepte stehen hinter der Portfoliomethode: die Erfahrungskurve und der Produktlebenszyklus. Der Wert auf der Ordinate hat demnach eine direkte Beziehung zur Produktlebenskurve, während der relative Marktanteil in Verbindung mit der Erfahrungskurve steht.

Den Portfoliomix managen

Ihr Angebotsportfolio sollte so gestaltet sein, dass ein Mix entsteht, der Ihren Zielvorstellungen hinsichtlich Gewinn, Umsatz, Deckungsbeitrag, Cashflow und Ähnlichem entspricht. Das aber impliziert, dass Sie Ihr Portfolio strategisch managen müssen: Sie müssen es planen und kontrollieren, Entscheidungen treffen, Handlungen einleiten und steuern. Dabei lässt sich sowohl der Istzustand als auch der Sollzustand analysieren, denn Sie können das Portfolioinstrument als

- Istunternehmensportfolio oder auch als
- strategisches Planportfolio

nutzen und so die Positionierungen vergleichend gegenüberstellen.

Das Portfolio als Navigationsinstrument

Es handelt es sich bei der Portfolioanalyse zunächst um ein *Beschreibungsmodell*, das es Ihnen ermöglicht, die strategische Situation Ihres Unternehmens zu analysieren. Sie können Ihr Portfolio unter dem Gesichtspunkt von Produkten und Dienstleistungen oder auf der Basis von Geschäftsfeldern betrachten. Mithilfe der Matrix können Sie sowohl Ihr Unternehmen als auch Konkurrenten beurteilen. Je nach Lage der Geschäftsfelder leiten sich strategische Handlungsempfehlungen ab.

6. Schritt: Wer sind Ihre Kunden? Wen wollen Sie als Kunden?

Verbraucher sind für die Wirtschaft das,
was der Wähler für die Politik ist.
JIM TURNER

Vor diesem Hintergrund reicht es heute nicht mehr, den Kunden mit den Mitteln des Massenmarketings undifferenziert „abzufertigen". Sie müssen versuchen, seine individuellen Wünsche zu erfassen und reibungslos zu erfüllen. Dem dient das strategische Kundenmanagement. Ihre Aktivitäten werden hier voll auf den Kunden hin ausgerichtet. Hierbei sollen Sie vor allem die profitablen Kunden identifizieren, um diese zum Zwecke hoher Umsatzanteile individuell zu „pflegen" und so einen Vorteil gegenüber Ihren Mitbewerbern zu erzielen.

Das Kundenmanagement

Ein aktives Kundenmanagement zielt unter anderem darauf, Produkte und Leistungen anzubieten, die den Bedürfnissen Ihrer Kunden entsprechen und sie maximal zufriedenstellen. Im Idealfall steigen mit einer erhöhten Kundenorientierung die Kundentreue und damit die Umsatzanteile.

Für Ihr Kundenmanagement sind diese Aspekte in ihrer Abhängigkeit und ihrem Wirkungsgefüge zu beachten (vgl. Stoess, Wolfgang Alexander: *Kundenbindungsmanagement: Eine empirische Studie.* Unveröffentlichte Diplomarbeit, Hochschule Rhein-Main, 2002):

- **Kundennähe**
  Der Begriff *Kundennähe* meint die Ausrichtung Ihres Unternehmens auf die Erfüllung von Kundenwünschen. Durch eine dauerhafte Befriedigung der Kundenbedürf-

nisse sollen Ihre strategischen Unternehmensziele verwirklicht werden.

- **Kundenzufriedenheit**

  Die Kundenzufriedenheit wird gerne als oberste Maxime der Unternehmensführung propagiert. Dem liegt die Annahme zugrunde, dass kaufende Kunden zufriedene und damit auch automatisch treue Kunden sind.

  Kundenzufriedenheit beruht im Kern auf dem subjektiven Vergleich zwischen einer erwarteten Sollleistung und der tatsächlich empfangenen Istleistung beim Kauf. Bei Bestätigung der Erwartungshaltung oder sogar Übererfüllung liegt Zufriedenheit vor, bei Untererfüllung entsteht Unzufriedenheit.

- **Kundenbindung**

  Die Konsumenten tendieren mehr und mehr zu einem als „Variety Seeking" bezeichneten Verhalten, das zu sinkender Marken- und Lieferantentreue führt. Ursächlich dafür ist die Austauschbarkeit von Angeboten, verbunden mit dem Bedürfnis nach einem Einkaufserlebnis.

  Es existiert ein ganzes Bündel von Möglichkeiten für die Kundenbindung, und neben der Zufriedenheit des Kunden kann sie auch an der mangelnden Attraktivität des Konkurrenzangebotes liegen. Auch Wechselbarrieren führen zur Kundenbindung. Denken Sie nur daran, mit wie viel Problemen oft der Wechsel von einem Telefonanbieter zu einem anderen verbunden ist.

- **Kundenwert**

  Unter dem *Kundenwert* versteht man die Ermittlung des Beitrages vom Kunden zum Unternehmenserfolg. Denn das Wirtschaftlichkeitsprinzip erfordert es, dass die Erlöse die Kosten und Investitionen in die Kundenbeziehung dauerhaft übersteigen. Wenn Sie das einmal gut analysiert haben, dann können Sie das Kaufverhalten Ihrer Kunden in etwa prognostizieren und strategisch planen. Ihre Prognosedaten sind für Einkauf, Produktion und Verkauf, für den Personaleinsatz, die Werbeaktivitäten und Lieferantenauswahl wichtig.

Ihr Analyseinstrument – das Kundenportfolio

Ein systematisches Kundenmanagement setzt eine Kenntnis Ihrer Kunden voraus. Um maßgeschneiderte Leistungsangebote zu unterbreiten, ist es notwendig, dass Sie Ihre Kunden anhand bestimmter Kriterien in Gruppen segmentieren und ihre Bedürfnisse identifizieren. Die Kundenstruktur ist also zu analysieren.

Der Nutzen eines Kundenportfolios

Über die unternehmensinterne Dimension „relative Lieferantenposition" sowie die unternehmensexterne Dimension „Kundenattraktivität" erhält Ihr Unternehmen die Möglichkeit, seine Kunden innerhalb eines Vier-Felder-Portfolios einzuordnen. Die darin abzulesende Attraktivität der Kunden bzw. Kundengruppen ermöglicht einen wirtschaftlichen Mitteleinsatz bei der Kundenpflege. Um die Kundenattraktivität zu ermitteln, sind diese und ähnliche Kriterien heranzuziehen: 1. die strategische Bedeutung des Kunden für Ihr Unternehmen, 2. das grundsätzlich zu erzielende Absatzvolumen oder 3. das Preisniveau bei diesem Kunden.

Beurteilung der Lieferantenposition

Die Beurteilung Ihrer Lieferantenposition erfolgt über den Lieferanteil, den Ihr Unternehmen bei dem jeweiligen Kunden erzielt. Der Lieferanteil wird dabei aus dem Quotienten des im eigenen Haus erzielten Umsatzvolumens zum generellen jährlichen Lieferbedarf des Kunden ermittelt. Kennt das Unternehmen den Lieferanteil, den ein Wettbewerber beim entsprechenden Kunden erzielt, kann über das Verhältnis des eigenen zum Lieferanteil des Konkurrenten der relative Lieferanteil errechnet werden. Auf dieser Grundlage erfolgt eine Einordnung Ihrer Kunden in folgende vier Kategorien:

Kundenportfolio

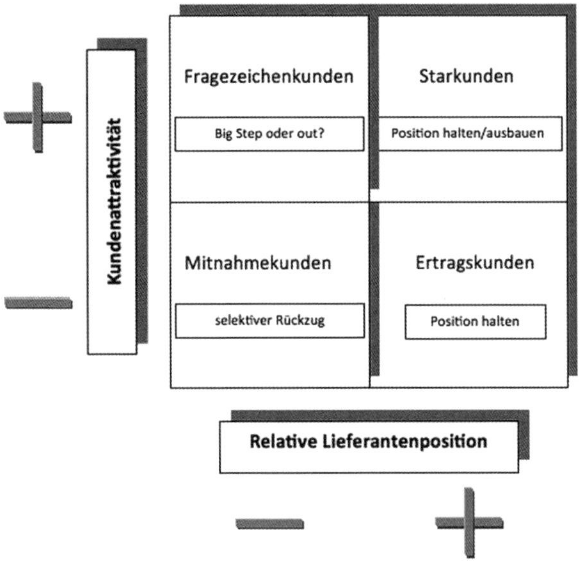

(Quelle: Homburg, Werner, 1998, S. 129)

In einem Unternehmen mit einer ausgewogenen Kundenstruktur ist der Anteil an Star- und Ertragskunden am höchsten. Die Fragezeichenkunden machen dagegen einen etwas geringeren Anteil aus und die Mitnahmekunden schließlich den geringsten.

7. Schritt: Von der Grundstrategie zu den Funktionalstrategien

Ihre Unternehmensstrategie ist von vornherein nicht umsetzbar, wenn Sie nicht gleichzeitig technologische, personelle oder finanzwirtschaftliche Veränderungen vornehmen. Es reicht nicht, wenn Sie nur eine wohlklingende Strategie für den Wettbewerb formulieren, ohne die Teilfunktionen auszurichten, denn die Funktionalstrategien stehen mit allen anderen Strategiearten in engem Zusammenhang. Wenn der Konzernvorstand einen groß angelegten Personalabbau beschließt, muss die Personalabteilung diesen strategisch umsetzen. Will das Unternehmen in größerem Stil in eine neue Produktlinie investieren, braucht es Geld. Das muss die Finanzstrategie berücksichtigen. Wenn in Verbindung damit Personal zu qualifizieren ist, muss dieses zur Personalstrategie passen. Sie benötigen also funktional eingegrenzte Strategien für ausgesuchte Funktionsbereiche des Unternehmens, zum Beispiel Finanzstrategie, Beschaffungsstrategie, Personalstrategie, Qualitätsstrategie.

Hier sei nochmals auf dieses Buch des Autors hingewiesen: Walter Simon, *Kursbuch Strategie,* München 2008, redline-verlag (siehe <www.redline-verlag.de>).

4. Wissens-management

Laut einer Studie der EU-Kommission lassen sich 70 bis 80 Prozent des wirtschaftlichen Wachstums auf neues oder verbessertes Wissen zurückführen. Nach einer Umfrage der Wirtschaftsprüfer KPMG glauben 78 Prozent der befragten Firmen, dass ihnen Geschäfte entgehen, weil sie das firmeneigene Wissen nicht ausreichend verwerten. Das ist wenig überraschend, da Unternehmen im Schnitt weniger als zwei Prozent ihrer Einkünfte für Wissensmanagement investieren.

Mangelnde Wissenstransparenz

Die Ressource Wissen wird in vielen Unternehmen noch unzureichend genutzt. Es fehlt an Transparenz, welche Kenntnisse welche Mitarbeiter besitzen. Wissensressourcen liegen brach, darunter auch solche, die zur Optimierung von Geschäftsprozessen und zum Erreichen von Unternehmenszielen notwendig sind. Da man nicht weiß, wer was weiß, gehen dem Unternehmen mit dem Ausscheiden von Mitarbeitern wertvolle Wissensressourcen verloren.

Wissensmanagement ist ein Gebiet,
über das wir nichts wissen.
HERMANN SIMON

Die Notwendigkeit eines professionellen Wissens-managements

Vor diesem Hintergrund wird die Notwendigkeit eines professionellen Wissensmanagements deutlich. Je systematischer Unternehmen Wissen erwerben, nutzen und vermehren, umso erfolgreicher werden sie die Herausforderungen der Zukunft bewältigen. Das ist unter anderem wegen der zunehmenden Verschiebung von arbeits- und kapitalintensiven hin zu informations- und wissensbasierten Tätigkeiten notwendig. Das heutige Geschäft der Unternehmen basiert zunehmend auf dem Verkauf intelligenter Produkte. Beim Verkauf eines Laptops übersteigt das vergegenständlichte Wissen den Materialwert beispielsweise um ein Vielfaches.

Wissen pflegen, nutzen und weiterentwickeln

Wissen hilft aber auch Mitarbeitern und Managern, Entscheidungen gezielter zu treffen, Leistungen zu optimieren, kundengerechtere Produkte zu erstellen oder auch innovative Ideen schnell umzusetzen. Darum kommt einem gezielten und professionellen Wissensmanagement die Aufgabe zu, die Ressource Wissen im Unternehmen „aktiv zu pflegen, zu nutzen und weiterzuentwickeln“ (Herbst, 2000).

Halbwertszeit des Wissens

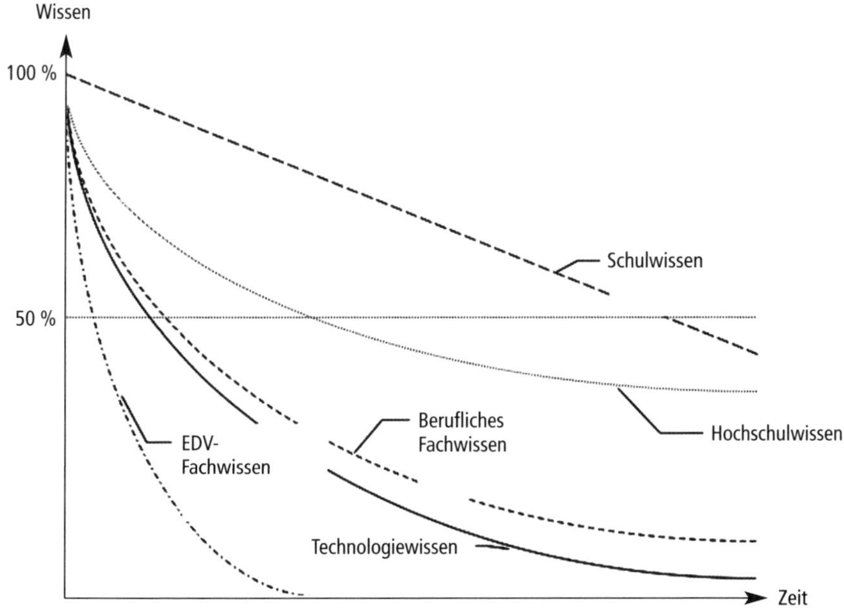

(Quelle: Vahs, Burmester, 2002, S. 74)

Fragestellungen zum Wissensmanagement

Zum Thema Wissensmanagement können Ihnen diese fünf Fragen als Hilfestellung dienen (nach Klaus North):

- Welche Bedeutung hat Wissen für unseren Geschäftserfolg?
- Welche strategischen Ziele werden wir durch die Mobilisierung von Wissen unterstützen?
- Über welches Wissen verfügen wir heute, und welches Wissen werden wir zukünftig benötigen, um unsere Wettbewerbsfähigkeit nachhaltig sicherstellen zu können?
- Wie gehen wir mit der Ressource Wissen um?
- Wie sollten wir unser Unternehmen gestalten und entwickeln, damit wir heute und zukünftig dem Wissenswettbewerb gewachsen sind?

4.1 Zum Begriff

Wissen ist eine Art Netz, das aus Erfahrungen, Kenntnissen, Fähigkeiten und Fertigkeiten besteht, die jemand zum Lösen einer Aufgabe einsetzt.

Aus Information entsteht Wissen

Informationen sind der Grundstoff, mit dem Sie Wissen generieren. Indem Sie Informationen interpretieren und kontextgebunden verknüpfen, entsteht Wissen. Es ist somit möglich, neues Wissen zu erzeugen, indem Informationen auf neuartige Weise miteinander verknüpft werden. Dieser Verknüpfungs- und Interpretationsprozess ist im Gegensatz zur reinen Information personengebunden und abhängig von den individuellen Erfahrungen und dem Kulturkreis seines Trägers.

Wissen in Handlungen umsetzen

Wissen wird als Information gespeichert und auch als solche an andere weitergegeben. Um ihm einen Wert zu verleihen, ist es anzuwenden. Es muss zweckorientiert zum Treffen von Entscheidungen und zum Lösen von Aufgaben eingesetzt und somit in Handlungen umgesetzt werden.

Die dazu erforderlichen Schritte lassen sich so beschreiben: Wissen wird dann zum Können, wenn es gelingt, im Rahmen der Informationsverknüpfung und -bewertung einen Anwendungsbezug herzustellen. Hinzu muss die Motivation treten, dieses Können in Handlungen umzusetzen. Erfolgen diese Handlungen ziel- und zweckorientiert, entsteht schließlich Kompetenz.

Wissen, Können und Kompetenz

4.2 Die Formen des Wissens

Das Wissen unterteilt sich in eine explizite und eine implizite Dimension.

Explizites Wissen ist sowohl visualisierbar als auch verbalisierbar. Es steht dem Unternehmen unabhängig von Wissensträgern zur Verfügung, lässt sich in Zahlen, Worten und Formeln ausdrücken, mit den Mitteln der Informations- und Kommunikationstechnologie speichern und somit problemlos an Personen weitergeben.

Explizites Wissen

Demgegenüber ist *implizites Wissen* wesentlich schwieriger erfassbar. Es ist Wissen in den Köpfen von Mitarbeitern und beruht auf deren Erfahrungen, Idealen, Werten und Gefühlen. Intuitionen und subjektive Einsichten gehören in den Bereich des impliziten Wissens (vgl. Nonaka, Takeuchi, 1997). Ein Koch, der seine Speisen nach jahrelanger Erfahrung mehr nach Gefühl als nach Rezept zubereitet, hat sein explizites Wissen in implizites Wissen transformiert.

Implizites Wissen

Wissensmanagement zielt unter anderem darauf ab, implizites Wissen in explizites umzuwandeln, zu „externalisieren". Anders ausgedrückt, Erfahrungen und Intuitionen der Mitarbeiter müssen greifbar gemacht und in Worte und Zahlen umgewandelt werden, um sie weiter vermitteln zu können.

Implizites Wissen externalisiert

4.3 Wissensmanagement als Führungsaufgabe

Das Wissensmanagement ist ein strategisches Führungskonzept, dessen Aufgabe in erster Linie darin liegt, einen Prozess der organisationalen Wissensnutzung und -erzeugung in einem Unternehmen systematisch zu gestalten. Mit seiner Hilfe können Sie Firmenziele besser und schneller erreichen und Wettbewerbsvorteile erzielen.

Zum Wissensaustausch

Das Wissen muss Unternehmensangehörigen bedarfsgerecht zur Verfügung stehen. Es darf nicht wahllos mit der Gießkanne ausgegossen werden. Wissen muss vielmehr auf einem „lebendigen Marktplatz" ausgetauscht werden. Das kann die Betriebskantine, ein Führungsseminar oder ein Betriebsausflug sein. Auch Kunden, Lieferanten oder Kooperationspartner sind einzubeziehen, um deren Kenntnisse durch einen aktiven Austausch mit den Unternehmensangehörigen zu nutzen.

Von Bausteinen des Wissenmanagements

Wissensmanagement umfasst eine ganze Reihe unterschiedlicher Aktivitäten, die sich am allgemeinen Managementprozess anlehnen. Probst et al. haben diese in ihrem Modell „Bausteine des Wissensmanagements" in die nachfolgenden Kernelemente gegliedert.

- **Wissensziele definieren**
  Die Wissensziele sollen die wichtige Bedeutung einer strategischen Ausrichtung des Wissensgewinnungsprozesses verdeutlichen. Durch ihre Definition werden die Lernprozesse im Unternehmen in die gewünschte Richtung gelenkt. Zudem ermöglichen es präzise formulierte Ziele, den Prozess des Wissensmanagements im Hinblick auf Erfolg bzw. Misserfolg zu kontrollieren.

- **Wissen identifizieren**
  Eine wichtige Aufgabe des Wissensmanagements liegt darin, im Unternehmen Transparenz über die vorhandenen Wissensbestände zu schaffen, denn die Suche nach im Unternehmen verstreuten Wissen kostet die Mitarbeiter Zeit und führt zu unnötigen Doppelarbeiten. Zu diesem Zweck können Datenbanken erstellt werden, die den Mitarbeitern einen Überblick darüber geben, wer über welche Kenntnisse im Unternehmen verfügt.

- **Wissen entwickeln und erwerben**
  Relevantes Wissen, das im Unternehmen nicht vorhanden ist, muss über externe Quellen beschafft werden. Indem das Unternehmen Kreativität und Ideen seiner Mitarbeiter nutzt, können neue Fähigkeiten systematisch intern produziert werden. Kreativitätsfördernde Rahmenbedingungen und das Arbeiten in heterogenen Teams unterstützen den Prozess der internen Wissensgenerierung.

- **Wissen bewahren**
  In einem Unternehmen vorhandenes Wissen muss vor Verlust geschützt werden und dem Unternehmen unabhängig von beispielsweise ausscheidenden Mitarbeitern erhalten bleiben. Der Prozess der Wissensbewahrung kann in die Schritte Selektion, Speicherung und Aktualisierung gegliedert werden.

- **Wissen verteilen**
  Die Nutzung relevanten Wissens durch die Mitarbeiter setzt eine vorherige Verteilung innerhalb des Unternehmens voraus. Da nicht jeder Mitarbeiter das gleiche Wissen benötigt, muss sich das Unternehmen zunächst die Frage stellen, wer über welches Wissen in welchem Umfang verfügen muss und auf welche Weise die Wissensverteilung erleichtert werden kann. Ziel ist es, mittels IT-Technologie schnell, aktuell und korrekt auf das rele-

vante Wissen zugreifen zu können. Aber nicht alles lässt sich jedoch mithilfe der Technologie übermitteln. Implizites oder komplexes und erklärungsbedürftiges Wissen bedarf einer persönlichen Weitergabe.

- **Wissen nutzen**
  Die Wissensnutzung stellt das Hauptziel des Wissensmanagements dar, denn Identifizieren, Entwickeln oder Verteilen von Wissen bekommen erst dann einen Sinn, wenn das Wissen auch angewendet wird, um somit einen Wert für das Unternehmen zu erzeugen. Das Wissen soll eingesetzt werden, um zielgerichtete Entscheidungen treffen und Probleme besser lösen zu können. Aufgabe des Wissensmanagements ist es daher, die Nutzung des betrieblichen Wissens sicherzustellen.

Bausteine des Wissensmanagements

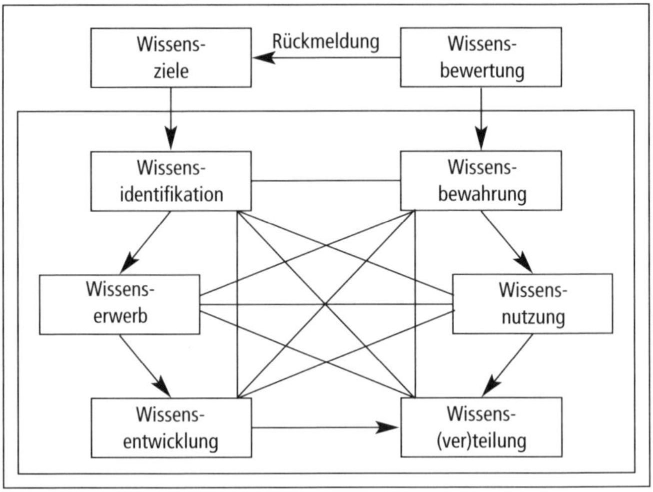

(Quelle: Probst et al., 6. Auflage 2010, S. 56)

- **Wissen bewerten**

Um die Effizienz des Wissensmanagements beurteilen zu können, werden Methoden zur Messung der vorab definierten Wissensziele benötigt. Es bestehen jedoch vielfach Probleme bei der Durchführung der Wissensbewertung, da die Unternehmen nur wenig Erfahrung im Hinblick auf das Controlling nichtmonetärer Größen besitzen. Die Bewertung sollte daher nicht nur nach quantitativen Gesichtspunkten erfolgen. Als Instrument zur Bewertung der Wissensziele können Unternehmen die von Robert Kaplan und David Norton entwickelte Balanced Scorecard heranziehen. Hierbei handelt es sich, kurz gesagt, um ein strategisches Steuerungsinstrument, mit dem die Umsetzung des unternehmerischen Planungsprozesses sichergestellt werden soll.

4.4 Die Rahmenbedingungen in wissensorientierten Unternehmen

Das Interesse und die Bereitschaft, Wissen zu geben und zu nehmen, hängen sehr stark von den Rahmenbedingungen in einem Unternehmen ab. Die folgenden Punkte sind Bestandteile optimaler Bedingungen:

- **Fehlertoleranz**
  Sie ist wichtig. Nur wenn Führungskräfte Fehler als einen Teil des Lernprozesses begreifen, entwickeln Mitarbeiter den Mut, neues Wissen zu generieren und anzuwenden.

- **Offenheit gegenüber Neuem**
  Da Wissen ein Verfallsdatum hat, muss es in regelmäßigen Abständen hinterfragt und gegebenenfalls aktualisiert werden.

- **Anreizsysteme**
  Sie können die Bereitschaft zur Wissensnutzung und -teilung im Unternehmen fördern. Als ein möglicher Weg bietet sich ein betriebliches Vorschlagswesen an, mit dem gute Mitarbeiterideen anerkannt und honoriert werden.

- **Informations- und Kommunikationstechnologie**
  Um einen effizienten Wissensaufbau und -transfer zu ermöglichen, ist es wichtig, dass Mitarbeitern eine optimale technische Umgebung gewährt wird. Dabei sollte auf die Anwenderfreundlichkeit und leichte Erlernbarkeit der Medien geachtet werden. Davon hängen die Akzeptanz und die Bereitschaft zur aktiven Nutzung des Wissensmanagements ab.

- **Bekenntnis der Unternehmensführung zum Wissensmanagement**
  Um Wissensmanagement erfolgreich umzusetzen, muss die Geschäftsleitung hinter dem Projekt stehen. Sie hat den Unternehmensangehörigen die Bedeutung des Wissens für den zukünftigen Unternehmenserfolg zu vermitteln und muss die Vorreiterrolle beim aktiven Wissensaufbau und -austausch übernehmen.

Die Mitarbeiter in wissensorientierten Unternehmen

Die Einführung von Wissensmanagement im Unternehmen stellt Mitarbeiter vor neue Herausforderungen und führt zu veränderten Arbeitsweisen. Sie müssen die Bereitschaft zeigen, sich Wissen anzueignen, das ihnen zum Lösen von Aufgaben fehlt, und sich somit einem Lernprozess zur Bewältigung neuer Herausforderungen öffnen. Dazu bedarf es auch der Bereitschaft, Wissen von anderen anzunehmen sowie eigenes Wissen mit anderen zu teilen.

Der Wissensmanager als Angstabbauer

Da Wissen mit Macht gleichgesetzt wird, weigern sich viele Mitarbeiter, Wissen weiterzugeben, weil sie meinen, damit einen Teil an Macht und Einfluss zu verlieren. Um solche Widerstände abzubauen, ist es wichtig, Mitarbeitern die Vorteile des Wissensmanagements sowohl für das Unternehmen als auch für ihre eigene Arbeit zu vermitteln und sie zum Wissenstransfer zu motivieren. Das setzt eine offene Kommunikation und Verständnis für die Ängste der Mitarbeiter voraus. In einigen Unternehmen wurden bereits neue Stellen wie die des „Wissensmanagers“ geschaffen. Seine Aufgabe ist die Schaffung einer Kommunikationsstruktur für den Wissensaufbau und die Wissensnutzung.

5. Innovationsmanagement

Der Wettbewerb auf globalen Märkten erfordert ein leistungsfähiges Innovationsmanagement. Unternehmen sind mehr denn je gefordert, sich mit innovativen Produkten und Prozessen im Wettbewerb zu behaupten. Der Zeitfaktor verschärft den Innovationsdruck, denn mit fortschreitender Globalisierung verkürzen sich die Lebenszyklen der Produkte und damit die Innovationszyklen. Ein anschauliches Beispiel bietet in diesem Zusammenhang die Pharmaindustrie, in der sich die Produktlebenszyklen zwischen 1960 und 2000 von ca. 24 auf ca. sieben Jahre verkürzten. Es kommt also immer mehr darauf an, Innovationen schneller als die Mitbewerber zu vermarkten.

5.1 Definition und Abgrenzung des Begriffes *Innovation*

Der österreichische Nationalökonom Joseph Schumpeter erklärt das Wesen der Innovation als „Durchsetzung neuer Kombinationen", die er sowohl auf die Herstellung eines Gutes als auch auf die Einführung einer Produktionsmethode, die Erschließung eines neuen Absatzmarkts, die Eroberung einer Bezugsquelle von Rohstoffen und Halbfabrikaten oder die Durchführung einer Neuorganisation bezieht.

Durch neue Kombinationen neue Produkte

Diese „Durchsetzung neuer Kombinationen" impliziert, dass im Rahmen des Innovationsprozesses bereits vorhandene Elemente in bisher nicht bekannter Weise miteinander verknüpft werden. Aus dieser Verbindung entstehen Produkte und Verfahren, die der Verbraucher in ihrer Neuheit bewusst wahrnehmen muss, um sie zu konsumieren.

Wenn der Wind der Veränderung weht,
baut der Narr Mauern. Der Weise jedoch baut Windmühlen.
CHINESISCHE WEISHEIT

Subjektive oder objektive Neuheit?

Man unterscheidet hierbei zwischen der subjektiven und der objektiven Neuheit. Es ist demnach ohne Weiteres möglich, dass die Imitation eines bereits existierenden Produktes für das imitierende Unternehmen eine Neuheit in der Produktpalette und somit subjektiv gesehen eine Innovation darstellt. Hingegen spricht man von einer objektiven Neuheit, wenn es sich um eine tatsächliche Markt- oder gar Weltneuheit handelt.

Innovation und Invention

Zum Verständnis des Innovationsbegriffes ist es hilfreich, diesen zunächst von der *Invention* abzugrenzen, da diese beiden Begriffe häufig synonym verwendet werden.

Invention und Innovation

Die *Invention* ist die notwendige Vorstufe zur Innovation und als solche die eigentliche Erfindung bzw. Idee. Sie ist insofern zeitpunktbezogen, als jemand in irgendeinem Moment die „zündende" Idee hatte. Dagegen muss man sich die *Innovation* als Prozess (prozessuale Sichtweise) bzw. Ergebnis eines Prozesses (objektbezogene Sichtweise) vorstellen, der von der Idee über die Entwicklung, die Produktion bis hin zur Markteinführung viele Stufen umfassen kann. Ziel der Innovation ist die Markteinführung der Invention in Form eines neuen Produktes oder Verfahrens.

Innovation und Kreativität

Um Innovationen hervorzubringen, sind Ideen notwendig. Das setzt Kreativität voraus. Kreative Leistungen erbringen Menschen, die eingefahrene Denkschemata überwinden und neuartige, originelle Ideen hervorbringen. Damit diese nicht auf der Strecke bleiben, sind sie hinsichtlich ihrer Realisierbarkeit zu prüfen und anschließend umzusetzen. Mit der Realisierung setzt dann die Phase der Innovation ein. Letztere verbindet somit Kreativität und Durchsetzungskraft.

Unterscheidung der Innovationen nach ihrem Neuheitsgrad

Die vorstehende Beschreibung des Innovationsbegriffes lässt offen, was eine Innovation letztendlich ausmacht, um als solche bezeichnet zu werden. Die Fachliteratur unterscheidet nach dem Neuheitsgrad. Man spricht in diesem Zusammenhang von Anpassungs-, Erneuerungs- und Durchbruchsinnovationen.

Anpassungsinnovation

Anpassungsinnovationen zeichnen sich durch kleine Veränderungen aus. Dies kann die Verschönerung einer Verpackung sein oder die Anbringung von Blindenschrift auf einem Medikament. Das Produkt gewinnt durch diese Maßnahme zwar an Attraktivität für den Konsumenten, doch erfährt es an sich keine gravierende Veränderung. Anpassungsinnovationen erfolgen häufig als Antwort auf Trendbewegungen im Markt, sind als solche aber nicht in der Lage, den Markt langfristig zu beeinflussen.

Erneuerungsinnovation

Erneuerungsinnovationen stellen demgegenüber erhebliche Verbesserungen an Produkten oder Verfahren dar, über die das Unternehmen Wettbewerbsvorteile erzielen will. Dies kann zum Beispiel ein neues Geschmackserlebnis bei einem Nahrungsmittel sein oder die Beimischung von probiotischen Bakterien im Joghurt.

Durchbruchsinnovation

Durchbruchsinnovationen sind die wirklichen „Knüller", durch die ein Unternehmen den Markt grundlegend verändert oder sogar neu schafft. Diese „Neuheiten" führen in der Regel zu einer neuen Generation von Produkten, die dem Unternehmen langfristige Wettbewerbsvorteile sichern, also zu einem „Fort-Sprung" anstelle eines „Fort-Schritts" führen. Als bekannte Beispiele sind in diesem Zusammenhang E-Book-Reader und der Hybridmotor zu nennen.

5.2 Von der Innovation zum Innovationsmanagement

Erfolgreiche Innovationen, oftmals durch Patente geschützt, schaffen infolge des zeitlichen und technologischen Vorsprungs Markteintrittsbarrieren gegenüber Mitbewerbern. Manchmal kann sich ein Unternehmen dadurch sogar eine zeitweilige Monopolstellung und Pionierprofite sichern. Außerdem haben Innovationen eine nicht zu unterschätzende Imagewirkung in der Öffentlichkeit. Für eine wirksame Innovationstätigkeit ist daher ein systematisches Innovationsmanagement unerlässlich. Als Führungsaufgabe umfasst es die Planung, Organisation, Steuerung und Kontrolle aller Aufgaben, die von der Ideenfindung bis zur Umsetzung zu leisten sind.

Voraussetzungen eines wirksamen Innovationsmanagements

Zu einem wirksamen Innovationsmanagement gehört insbesondere die Schaffung einer innovationsfördernden Organisationsstruktur und -kultur, das Festlegen und Verfolgen von Innovationszielen und -strategien sowie die Installation eines adäquaten Informationssystems, das eine flexible Prozesssteuerung sowie einen zeit- und ortsunabhängigen Informationsaustausch zwischen den Beteiligten ermöglicht.

5.3 Der Innovationsprozess

Zur Darstellung des Innovationsprozesses existiert kein allgemeingültiges Ablaufschema. Die in der Praxis vorliegenden Modelle variieren sowohl in der Anzahl der zu durchlaufenden Phasen als auch in deren Bezeichnung und Abgrenzung voneinander. In Anlehnung an das von Vahs und Burmester entwickelte „Grundkonzept des Innovationsprozesses" werden nachfolgend die Schwerpunkte des Innovationsprozesses dargestellt (vgl. Vahs, Burmester, 2002).

Die Situationsanalyse als Vorstufe des Innovationsprozesses

Die Vorstufe des Prozesses bildet dabei eine Situationsanalyse, innerhalb derer das Unternehmen seine Stellung am Markt (Istposition) bestimmt und Abweichungen zur angestrebten Sollposition, die sich aus den strategischen Unternehmenszielen ableitet, ermittelt. Die dabei festgestellten Diskrepanzen, deren Ursachen unter anderem in veränderten Konsumentenbedürfnissen oder in der allgemeinen Marktentwicklung liegen können, bilden die Ausgangslage für die Suche nach einer innovativen Problemlösung und die nachfolgenden Phasen des Innovationsprozesses.

Ideengewinnung	**Problemlösungsvorschläge sammeln durch:**
Welche Maßnahmen können ergriffen werden, um eine Problemlösung herbeizuführen?	▪ Ideensammlung (Hinzuziehen von Kunden, Lieferanten, Mitarbeitern usw., die als Quelle dienen) ▪ Ideengenerierung (Entwickeln von Lösungsansätzen durch Einsatz von Kreativitätstechniken)
Bewertung: Welche Ideen sollen weiterverfolgt werden, welche Ideen sollten wir besser fallen lassen?	▪ Sorgfältige Bewertung der gesammelten Ideen hinsichtlich ihrer guten und weniger guten Erfolgswahrscheinlichkeiten ▪ Rangfolge der bewerteten Ideen aufstellen
Auswahl: Welche Ideen sollen tatsächlich umgesetzt werden?	▪ Auswahl der umzusetzenden Idee durch ein weiteres Gremium (unabhängig vom Bewertungsgremium) Zusammensetzung: die Leiter aus unterschiedlichen Bereichen ▪ Das letzte Wort hat die Unternehmensführung.

Ideengewinnung	Problemlösungsvorschläge sammeln durch:
Realisierung: Wie gehen wir bei der Realisierung vor?	■ Umsetzen der ausgewählten Idee in die Praxis ■ Vorgehensweise: – bei hohem Ressourcenaufwand und Neuheitsgrad meist über das Projektmanagement – bei geringem Ressourcenaufwand und Neuheitsgrad meist im Rahmen der Routineabläufe
Markteinführung: Wie gestalten wir die Instrumente des Marketingmix bei der Markteinführung?	■ Produkt wird auf dem Markt eingeführt und somit für den Kunden verfügbar. ■ Aus der Invention wird nun die Innovation. ■ Gezielter Einsatz der Marketingmixinstrumente Preis, Kommunikation und Distribution

Notwendiges Controlling

Über alle Phasen hinweg müssen Controllingmaßnahmen erfolgen, um eine zentrale Planung, Steuerung, Koordination und Kontrolle der Aktivitäten für eine gezielte und systematische Durchführung des Prozesses sicherzustellen (vgl. Vahs, Burmester, 2002).

Die Wirkungsfaktoren im Innovationsprozess

Da etwas „Neues“ immer mit einem gewissen Unsicherheitsfaktor verbunden ist, stoßen Innovationen auf große Vorsicht oder sogar Ablehnung. Diese Haltung verstärkt sich mit dem Grad der Neuheit, denn das Risiko eines Misserfolges liegt bei einer Durchbruchsinnovation wesentlich höher als bei der Modifikation eines bereits bestehenden Produktes. Hinzu kommt, dass es sich bei Innovationsprojekten um sehr komplexe Vorgänge handelt, da die beteiligten Personen und Funktionen vielfältige Interdependenzen und Verbindungen zueinander aufweisen, wodurch sich die Unsicherheit verstärkt.

Auf die Mitarbeiter kommt es an

Um zu einer erfolgreichen Innovationstätigkeit zu gelangen, müssen Sie Voraussetzungen schaffen, die sowohl die Entstehung als auch die Umsetzung innovativer Ideen fördern. Die Mitarbeiter sollen ein Verständnis für die Notwendigkeit von

Innovationen entwickeln und dazu ermutigt werden, die eingefahrenen Bahnen zu verlassen und sich Gedanken über bisher nicht bekannte Lösungswege zu machen. Zu den Merkmalen innovationsfördernder Unternehmen gehören insbesondere:

- **Innovationsverständnis:** Für ein erfolgreich innovierendes Unternehmen ist es sehr wichtig, dass Mitarbeiter Innovationen nicht als „lästiges Übel" empfinden, sondern mit Motivation und Begeisterung an die Sache herangehen. Eine zentrale Bedeutung kommt dabei den „Pionieren" zu, die voller Begeisterung und Hingabe für die Durchsetzung ihrer innovativen Ideen kämpfen und somit für den Erfolg von Innovationsprojekten sehr wichtig sind. Sie sollten im Unternehmen akzeptiert und geschützt werden, denn ihnen will man zuerst an den Kragen. Es ist wichtig, dass ihnen jene Mitarbeiter zur Verfügung stehen, die sie zur Verwirklichung ihrer innovativen Ideen benötigen.
  Um die Innovationsorientierung im Unternehmen zu fördern, sollte aber auch das Management ein innovationsförderndes Verhalten vorleben. Die Selbstverständlichkeit und Notwendigkeit zur Innovation sollte im Management sichtbar sein, um so auch die Mitarbeiter zu motivieren, neue Wege zu beschreiten. Um dieses Verständnis zu fördern, ist es sinnvoll, Innovationen als normativen Bestandteil in die Unternehmensgrundsätze zu integrieren.

- **Offene Kommunikation:** Da es sich bei Innovationen oftmals nicht um Einzelleistungen handelt, sondern um das Ergebnis gemeinschaftlicher Arbeit, muss die Kommunikation zwischen den Mitarbeitern des Unternehmens sowie zwischen den unterschiedlichen Abteilungen offen sein. Dabei sollte den Problemen, die sich im Innovationsprozess ergeben, die gleiche Bedeutung beigemessen werden, wie den Problemen der täglichen Arbeit. Eine offene Kommunikation schließt auch offene Kritik ein. Sie soll produktiv für Verbesserungen genutzt werden. Vorschläge zur Verbesserung von Abläufen dürfen Vorgesetzte daher nicht als Kritik an ihrer Arbeit empfinden.

- **Teamfähigkeit:** Um im Innovationsprozess den gewünschten Erfolg zu erreichen, sind bis zur Durchsetzung der Idee unterschiedliche Fähigkeiten gefordert. Neben kreativen Ideenproduzenten werden auch Menschen mit analytischer Begabung und solche mit der Fähigkeit, Abläufe zu organisieren, diese voranzutreiben und auch durchzusetzen, benötigt. Teamfähigkeit ist demnach die Voraussetzung, damit diese Zusammenarbeit funktioniert.

- **Empowerment statt Kontrolle:** Ein innovationsförderndes Unternehmen verabschiedet sich von der Hierarchiekultur, da diese innovationshemmend wirkt.
  Führungskräfte müssen Verantwortung an ihre Mitarbeiter delegieren und ein vertrauensvolles Verhältnis zu ihnen aufbauen. Durch das selbstständige und eigenverantwortliche Handeln der Mitarbeiter reduzieren sich die erforderlichen Kontrollen. Zudem erhalten die Mitarbeiter durch den Abbau von bürokratischen Hemmnissen einen größeren Freiraum zur Entfaltung kreativer Ideen.

- **Loslösen vom Erfolg der Vergangenheit:** Um den Weg für ein erfolgreiches Handeln zu ebnen, ist es notwendig, nach vorn zu schauen und nicht an den erfolgreichen Strategien der Vergangenheit festzuhalten. Schumpeter spricht in diesem Zusammenhang von der „schöpferischen Zerstörung“ als Voraussetzung der Innovation. Viele Manager haben aber gerade mit diesem Punkt Probleme und sind bei lang andauerndem Erfolg weniger bereit, sich auf etwas Neues einzulassen.

- **Toleranz von Fehlern:** Da Innovationsprojekte mit besonderen Risiken behaftet sind, kann man Fehlschläge nie ganz ausschließen. Um ein innovationsförderndes Klima zu schaffen, ist es aber wichtig, diese zu akzeptieren und Fehler grundsätzlich nicht negativ zu bewerten, sondern sie als Notwendigkeit zu begreifen, um aus ihnen zu lernen.

- **Nutzen des Kundenkontaktes:** Kundenkontakte sind als Anstoß innovativer Ideen nützlich, da Sie über den Austausch mit Kunden wertvolle Informationen zu deren Produkterfahrungen, Verbesserungsvorschlägen und Wünschen gewinnen. Daher sollten Abteilungen, die direkt mit Ihren Kunden in Kontakt kommen, wichtige Informationen an die entsprechenden Stellen weiterleiten. Es werden heute zudem vielfach Informationen systematisch im Rahmen von Marktforschungsbefragungen oder über sogenannte Kundengesprächsrunden ermittelt.

5.4 Die Innovation des Innovationsmanagements

Viele Unternehmen verbrachten die letzten Jahre damit, das letzte Tröpfchen Effizienzsteigerung aus verbrauchten Geschäftskonzepten herauszupressen. Sie „putzten das Silber“, das man ihnen vererbte. Ihre gleichzeitige Fixierung auf Wachstum statt auf Innovation führte tendenziell zu einer Vernichtung von Wachstumswerten. Verstärkt wurde dieser Prozess dadurch, dass Kosteneinsparungen direkt an die Kunden weitergegeben werden mussten.

Die Gefahr der strategischen Konvergenz

Der Ruf nach dem Unternehmensberater führt noch tiefer in die Sackgasse, so die Kritik von Gary Hamel. Hunderttausende junger Consultants bewirken eine strategische Konvergenz, indem sie Unternehmen die gleichen Ratschläge geben und sie so mit den Beraterdogmen infizieren. Unabhängig hiervon neigen Unternehmen dazu, ihre Strategie an einer vom Branchendogma diktierten zentralen Tendenz auszurichten. Innovationsstrategien nähern sich somit einander an, weil Erfolgsrezepte sklavisch imitiert werden.

Geschäftsmodelle innovieren

Als Folge hiervon empfiehlt Hamel, Regeln zu brechen. Seine Grundidee besteht darin, dass man das Gegenteil von dem tun solle, was die Lehrbücher empfehlen. Vor allem bringe es wenig, Produkte oder die Technik zu innovieren. Das führt zu einem technologischen Wettrüsten. Stattdessen sollten Geschäftskonzepte innoviert werden. Der Wettbewerb der Zukunft findet nicht mehr zwischen Produkten oder Unternehmen statt, sondern zwischen Geschäftsmodellen. Nur so haben Neueinsteiger eine Erfolgschance (vgl. Hamel, 2001).

6. Change-Management

Bis in die 1960er-Jahre hinein orientierte sich das Management am kybernetischen Regelkreis als einem grundlegenden Steuerungsmodell. Abweichungen vom Regelfall wurden mittels „richtiger“ Methoden als steuer- bzw. regulierbar betrachtet. Doch die Veränderungen wurden tiefgreifender, umfassender und vollzogen sich immer schneller. Die „Störung“ wurde so zum Normalfall und die Regelung bzw. Behebung immer aufwendiger. Das Unternehmen kommt nicht mehr zur „Ruhe“, sondern ist Objekt ständiger Anpassungen an veränderte Bedingungen (vgl. Warnecke, 1966).

Vom Wandel zur Revolution

Was vor 20 Jahren noch sanft „Wandel“ genannt wurde, hat eine rasante Beschleunigung erfahren, sodass man von „Revolution“ sprechen kann. Die Wirtschaftsgeschichte schlug ein neues Kapitel auf. Neuartige Phänomene waren zu beschreiben: Globalisierung, Internet, Multimedia etc. Das führte zu neuen Begriffen wie *Change-Management*, *Chaosmanagement* oder *Businesstransformation.* Die Erfolgsrezepte von gestern waren nun kein Garant mehr für den Erfolg von morgen. Viele neuen Rezepte werden angeboten: Lean Management, Lernende Organisation, Wissensmanagement u. a. m.

Plötzlich mussten sich Mitarbeiter und Führungskräfte intensiv und hautnah mit dem Themenkreis „Change“, „permanentes Lernen“, „Umbruch“ und „Chaosbewältigung“ beschäftigen. Das führte zu einem Verlust an Vertrautheit und Kontrolle und bewirkte Unsicherheit. In dieser Situation wurde ein neues „Rezept“, das Change-Management „erfunden“. Man wollte Veränderungen nicht mehr nur ausgesetzt sein, sondern diese auch aktiv mitgestalten. Man musste Mitarbeitern nicht nur die Angst vor dem Neuen nehmen, sondern sie als Verbündete für das Neue gewinnen, weil dieses ansonsten chancenlos bleiben würde. Doch viele Mitarbeiter vermuten und erkennen im Change-Management das, was viele Manager tatsächlich im Hinterkopf haben.

Alles Leben steht unter dem Paradox, dass, wenn es beim Alten bleiben soll, es nicht beim Alten bleiben darf.
Franz von Baader

6.1 Zum Begriff

Der Begriff *Change-Management* ist als eine Art „Containerbegriff" nicht so eindeutig definierbar wie Projekt- oder Qualitätsmanagement. Management jedweder Art zielt auf Veränderung, weil der Wettbewerb ständiges Anpassen erforderlich macht. Insofern waren und sind alle großen „Entwürfe" der Wirtschaftsgeschichte ein Stück Change-Management, der Taylorismus ebenso wie Lean Management oder das Wissensmanagement.

Was ist nicht Change-Management?

Mehr noch: Bei jeder Fusion, Reorganisation, bei gut geführten Mitarbeitergesprächen, bei jedem Verbesserungsvorschlag oder jeder QZ-Sitzung geht es um Veränderungen. Insofern stellt sich die Frage: Was ist nicht Change-Management? Alle in der Managementliteratur behandelten Strategiemodelle, Konzepte oder Werkzeuge dienen letztendlich der Veränderung oder bewirken eine solche.

Bruchstücke statt komplexer Theorie

Es gibt bis heute keine eigenständige, kompakte bzw. integrierte Theorie des Change-Managements. Das verfügbare Wissen hierzu besteht eher aus einer bunten Sammlung von Bruchstücken, die aus unterschiedlichen Herkunftsgebieten stammen, der Konflikttheorie, dem Innovationsmanagement, der Organisationsentwicklung, um nur einige als Beispiel zu nennen. Change-Management repräsentiert einen Instrumentenkasten, der in das Gesamtinstrumentarium des strategischen und operativen Managements integriert ist, ohne dass eine eigene Kontur erkennbar ist.

Harte oder weiche Faktoren?

In der angelsächsischen Literatur versteht man unter Change-Management primär die menschliche Dimension einer Veränderung. Im deutschsprachigen Raum werden auch technische Aspekte berücksichtigt. Folglich handelt es sich beim Change-Management um technische, strategische, organisatorische, betriebswirtschaftliche und soziale Veränderungen, die in einer multiplen Verknüpfung harter und weicher Faktoren realisiert werden. Die Aufgabe des „Change-Managers" besteht darin, Menschen, Informationen, Ressourcen und Prozesse zielgerichtet zu steuern, um Veränderung oder Anpassung zu bewirken. Der Schwerpunkt gilt dabei dem Human-Resources-Management, denn Veränderungen stoßen auf Widerstände, bewirken Ängste und Lernblockaden. Aber ohne das Mitwirken der Mitarbeiter sind keine Veränderungen möglich.

Anwendungsfelder des Change-Managements

Change-Management kann bei vielen Herausforderungen nützlich sein:

- Strategische Neupositionierung eines Unternehmens
- Business Reengineering
- Einführung von Lean Management
- Reorganisation eines Unternehmens
- Unternehmenskulturentwicklung
- Aufbau einer „Lernenden Organisation"
- Fusionen

Veränderungen sind ein kontinuierlicher Prozess

Reiner Czichos macht ergänzend auf die kleinen, täglichen Veränderungen im Unternehmen aufmerksam. Diese beziehen sich auf die einzelnen betroffenen Menschen, für die Veränderungen ein Risiko oder eine Chance darstellen. Es handelt sich beispielsweise um die Freistellung eines Mitarbeiters, um die Auflösung einer Abteilung oder um die Veränderung einer Vorgehensweise. Die täglichen Organisationsveränderungen sind ein kontinuierlicher Prozess. Die großen Veränderungsprogramme schwimmen auf einem Fluss dieser ständigen kleinen Veränderungen (vgl. Czichos, 1993).

6.2 Die Ziele des Change-Managements

Kontinuierliche Unternehmensentwicklung durch Change-Management

Alle Ansätze des Veränderungsmanagements verfolgen ein gemeinsames Anliegen: Sie sollen „Infrastrukturen" für Veränderungen schaffen. Nicht die Veränderungen allein sind wichtig, sondern deren Umsetzung und die Bereitstellung eines die Realisation begünstigenden Klimas und einer entsprechenden Umgebung. Ein proaktives Veränderungsmanagement will vor allem ein veränderungsfreundliches Klima schaffen, in dem neue Ideen und Konzepte entstehen können.

Aber es geht nicht nur um das Neue. Change-Management bezweckt auch die kontinuierliche Unternehmensentwicklung. Neben Wachstum oder auch Schrumpfung zählen die Revitalisierung, Sanierung, Konsolidierung oder Wertsteigerung zu den gängigen Zielvorstellungen für die Entwicklung von Organisationen. Das Ziel ist es, Strukturen zu schaffen, die selbst den Wandel gestalten und nicht mehr auf gleichbleibende Kontinuität fixiert sind. Letztlich soll das Unternehmen nicht nur die Fähigkeit erwerben, seine eigenen Regeln entsprechend dem Lernprozess zu verändern, sondern gleichzeitig Regeln für die Regeländerungen zu entwickeln (vgl. Schlemm, Annette: *Change-Management.* <www.thur.de/philo/som/somcm.htm>).

Der Mensch als Quelle der Wertschöpfung

Ein weiterer wesentlicher Punkt für erfolgreiches Change-Management ist die Mehrwertschöpfung aus dem „ganzen Menschen", nicht nur der verdingten Arbeitskraft, das heißt, die traditionellen Quellen für Mehrwert (Fließbandarbeit usw.) werden mittlerweile von allen Unternehmen genutzt und ermöglichen keinen Wettbewerbsvorsprung mehr. Gefragt sind Innovation, Kreativität und daraus resultierende Prozesse, die gemanagt werden müssen. Hierin liegt die Herausforderung.

6.3 Aspekte und Probleme des Change-Managements

Optionen des Change-Managements

Modelle und Konzepte für den erfolgreichen Umgang mit Change-Vorhaben kann man aus zwei Blickwinkeln betrachten:

- *Was* (Inhalt oder Richtung) soll verändert werden?
- *Wie* soll diese Veränderung erreicht werden?

Die Antwort auf die Frage nach dem Was hat inhaltlichen bzw. konzeptionellen Charakter. Ein Unternehmen optiert für eines der gängigen Modelle, welches die Change-Szene beherrschen, sei es Business-Reengineering, Lean Management, Total-Quality-Management oder Balanced Scorecard.

Man soll die Zukunft so nehmen, wie sie kommt.
Aber man sollte auch dafür sorgen, dass sie so kommt,
wie man sie möchte.
CURT GOETZ

Wie soll verändert werden?

Bei der Frage nach dem Wie gibt es zwei Antworten, je nach der Betrachtungsweise bzw. dem Basismodell. Eine eher managementtechnische Herangehensweise interessiert sich für den typischen Ablauf eines Veränderungsprozesses, also für die Phasen der Diagnose, Zielbildung, Planung, Entscheidung, Realisation und Kontrolle. Human-Resources-Manager fokussieren eher die beteiligten Akteure der Veränderung und fragen nach den notwendigen motivierenden Ressourcen.

Angst vor dem Neuen

Die Umsetzung an der „Schnittstelle Mensch" ist der schwierigste Teil des Veränderungsmanagements. Die „Angst vor dem Neuen" ist eine Charaktereigenschaft des Menschen. Diese Angst kann sogar in Widerstände umschlagen, entweder in

- verdeckte Widerstände (höhere Fehlzeiten, schlechte Arbeitsqualität, Kündigung u. Ä.) oder
- offene Widerstände (Streik, Betriebsbesetzung, Aggression u. Ä.).

6.4 Die Praxis des Change-Managements

Normalerweise durchläuft ein Veränderungsprozess mehrere Phasen, bis die psychologischen Veränderungen stabil in das Verhaltens- oder Einstellungsrepertoire übernommen werden. Viele Autoren gehen mit geringen Abweichungen von dem abgebildeten Sieben-Phasen-Modell aus.

Phase	Beschreibung
1. Schock	Diskrepanz zwischen den Erwartungen und der eingetroffenen Realität
2. Ablehnung	die Situation wird als nicht wesentlich anders als die alte bewertet
3. Einsicht	die Notwendigkeit zur Veränderung wird erkannt
4. Akzeptanz	die Realität wird als veränderte Situation akzeptiert
5. Ausprobieren	neue Verhaltensweisen werden in verschiedenen Situationen ausprobiert
6. Erkenntnis	Gründe für Erfolge oder Misserfolge werden erkannt und reflektiert
7. Integration	Übernahme erfolgreicher Verhaltensweisen ins aktive Verhaltens-repertoire

Diese Veränderungsphasen umfassen einen Zeitraum von 18 bis 24 Monaten. Jedoch muss bei größeren Veränderungen sogar mit fünf bis sieben Jahren gerechnet werden, besonders dann, wenn es um die Entwicklung der Unternehmenskultur geht.

Der Change-Manager als „Emotionsmanager"

Nach Böning und Fritschle handelt es sich beim Change-Management um „Emotionsmanagement". Die Aspekte, um die es sich hierbei handelt, seien Gefühlsprozesse und die Erlebnisphänomene der Betroffenen. Wer diese ignoriere, gefährde den Erfolg. Darum muss ein professioneller Change-Manager über Empathie, Kommunikations- und Konfliktbewältigungsfähigkeiten verfügen. Er sollte geduldig vorgehen, sachlich richtig informieren, die Mitarbeiter schulen und unterstützen (vgl. Böning, Fritschle, 1997).

Der Change-Manager als „Seelentröster"

Beim Veränderungsprozess spielt die unterstützende Beratung eine wesentliche Rolle. Der Change-Manager soll die Manager daran erinnern, dass man die Menschen dort abholt, wo sie stehen. Darum ist im ersten Schritt zu erforschen, welchen Verlust der einzelne Mitarbeiter durch die Veränderung erlebt und welche Wünsche er hat. Denn nur wenn man weiß, welche Gedanken und Gefühle den anderen bewegen, kann man beginnen, diese zu ändern.

Der zweite Schritt ist dann die Aufklärung über die Ziele und den Nutzen. Im dritten Schritt muss die Zusammenarbeit bei der Durchführung der Veränderung sichergestellt werden.

B

Der Instrumentenkoffer der Zukunftsanalyse

Man kann nicht in die Zukunft schauen,
aber man kann den Grund für etwas Zukünftiges legen,
denn Zukunft kann man bauen.
ANTOINE DE SAINT-EXUPÉRY

Prinzipiell eignen sich alle Managementwerkzeuge und -konzepte im jeweiligen Kontext für die Zukunftsanalyse. Konjunkturprognostiker bedienen sich anderer Analysemethoden als Trendforscher oder strategische Unternehmensplaner oder Bildungsplaner. Letztendlich beruhen alle auf den vier Grundrechenarten, den Prinzipien folgerichtigen Denkens und den Grundsätzen wissenschaftlicher Arbeit.

Navigationsinstrumente für den Nebel

Wenn die Erkenntnisse in praktischen Handlungen münden sollen, werden Managementkonzepte benötigt. Einige wurden in diesem Buch aufgeführt. Würden Sie die Zukunft kennen, könnten Sie das spezielle Werkzeug für die weitere Feinanalyse auswählen. Aber die Zukunft befindet sich noch im Nebel oder die ferne Zukunft gar im Dunkeln. Sie benötigen also Werkzeuge, mit denen Sie in der Ungewissheit herumstochern, ähnlich langen Stangen, mit denen man im Schnee nach den Verschütteten einer Lawine sucht.

Das Ungewisse ist gewiss

Diese Werkzeuge haben nicht die Präzision einer Schieblehre oder eines Sextanten. Sie erinnern eher an das grobe Handwerkzeug der vorindustriellen Epoche. Die Trefferquote beim Delphi-Verfahren liegt bei maximal 50 Prozent. Eine Zukunftsreise ähnelt der Entdeckung Amerikas, indem man einfach gen Westen segelt. Doch nicht jeder, der nach Indien will, entdeckt Amerika, ist uns von Erich Kästner überliefert. Kolumbus hat nicht geahnt, dass sich auf seinem Weg ein Kontinent zwischen Europa und Indien befindet. Das war eine Wild Card oder, anders ausgedrückt, ein gravierendes Störereignis. Nur die Ungewissheit hat als solche eine große Gewissheit.

Zwei Grundtechniken: Vernetztes Denken und kreative Ideengenerierung

Das in diesem Kapitel vorgestellte Methodenset wurde von verschiedenen Zukunftsforschern in den letzten 60 Jahren zusammengestellt und gilt als relevanter Methodenkanon. Zwei Grundmethoden werden sichtbar:

- Kreative Denktechniken zwecks Ideengenerierung
- Vernetztes Denken zwecks Komplexitätsreduzierung

Kreativität als Voraussetzung der Zukunftsplanung

Wer die Zukunft planen und gestalten will, muss kreativ denken. Kreative Denkergebnisse sind weder richtig noch falsch. Sie sollen nützlich und zielgerichtet sein. Es gibt viele Deutungen des Begriffs *Kreativität* und ebenso viele Definitionen. Der „Kreativling" Edward de Bono ist der Meinung, dass der verschwommene Sammelbegriff *Kreativität* eine breitgefächerte Palette unterschiedlicher Fähigkeiten und Fertigkeiten abdeckt. Aber letztendlich verbirgt sich für ihn „hinter dem Etikett der angeborenen ‚schöpferischen Gabe' … oft nichts weiter als die Motivation, kreativ zu sein". (Bono, 1996, S. 2)

Es existieren ca. 50 relevante Kreativitätstechniken, die man seit vielen Jahren in diese zwei Hauptgruppen einteilt:

- Die intuitionsanregenden Methoden
- Die systematisch-analytischen Methoden

Zwei Methoden der Kreativität

Den *intuitionsanregenden Methoden* liegt das Prinzip der gedanklichen Assoziation, der Stimulierung von außen, der Analogien- und Synthesebildung zugrunde. Bei den *systematisch-analytischen Methoden* werden Einzelelemente eines Gegenstandes oder Sachverhaltes systematisch erfasst, geordnet, gegliedert, variiert und gegebenenfalls neu kombiniert.

Intuitionsanregende Methoden	Systematisch-analytische Methoden
Brainstorming	umstrukturieren, umformulieren oder neu kombinieren
Brainwriting, insb. Methode 635	morphologischer Kasten
Delphi-Methode	Merkmalsliste
Bionik	Relevanzbaum
Synektik	
Reizworttechnik	

Brainstorming In der Praxis von Unternehmen und Organisationen werden nur wenige Kreativitätsmethoden genutzt, und das, obwohl Unternehmen den Kreativitätstechniken eine hohe Bedeutung beimessen. Die am meisten genutzte Methode in der westlichen Managerwelt ist das Brainstorming.

Vernetztes Denken Alle Techniken und Methoden setzen die Fähigkeit zum vernetzten Denken voraus. Ohne diese Fähigkeit sind sie nicht anwendbar. Soziale, technische und wirtschaftliche Zukünfte sind hochkomplexe Sachverhalte. Ob Szenarioanalyse oder Technikfolgenabschätzung, ob Relevanzbaumanalyse oder Cross-Impact-Analyse, vielfältige Wirkungsgefüge und Zustandsmöglichkeiten sind zu beachten.

Lernen, vernetzt zu denken Wenn Sie lernen, vernetzt zu denken, fördert das zugleich Ihre Kreativität, da beides in enger Beziehung zueinander steht. Wenn Sie Zusammenhänge erkennen oder gedanklich herstellen können, ermöglicht das Produkt- oder Ablaufinnovationen.

Voraussetzungen kreativen Denkens Der kreative Denker überspringt Grenzen eines Systems, um sich in anderen Revieren nach Brauchbarem umzuschauen. Er bringt Systemelemente zusammen und formt diese zu einem neuen System. Die Fähigkeit, Vernetzungen zu erkennen sowie Beziehungen zwischen Systemen und Teilsystemen bzw. Systemelementen herzustellen, ist eine der Grundvoraussetzungen kreativen Denkens. Die Wissensexplosion und der informationstechnologische Fortschritt unserer Epoche beruhen auf solchen Verknüpfungen.

Die Zeitspanne entscheidet über die Methode

Welche Techniken und Methoden Sie einsetzen, hängt unter anderem von der Zeitspanne zwischen Gegenwart und Zukunft ab. Wer 30 Jahre in die Zukunft denkt, muss fantasieren können. Beträgt der Denkhorizont zehn Jahre, hilft die Szenariotechnik. Wollen Sie die Ungewissheit stark reduzieren, sollten sie die Szenariotechnik, die Expertenbefragung und das Eltviller Modell kombinieren.

1. Systemisch vernetztes Denken als Grundtechnik der Zukunfts-analyse

Das lineare Kausalitätsdenken liefert schon lange keine Erklärungen mehr: Auf A muss nicht B folgen.
PAUL WATZLAWICK

Der Begriff *systemisch vernetztes Denken* verbreitet sich immer mehr. Damit ist etwas anderes gemeint als das, was man umgangssprachlich *systematisch* nennt. Systematisch zu denken bedeutet, analytisch und linear Schritt für Schritt vorzugehen. Hier wird für Ereignisse und Veränderungen nach einer Ursache gesucht. Die Ausgangsprämisse lautet: Wenn … dann … Aber die Rückkoppelungen aus dem Dann auf das Wenn werden nicht mitgedacht. Unsere Gegenwartsentscheidungen bedenken allzu oft nicht das Dann. „Je wissenschaftlicher ein Mensch gebildet ist, je länger er die Schule besucht hat, um so größer sind die Barrieren, die er auf dem Wege zum ganzheitlichen Denken überwinden muss." (Probst, Gomez, 1989, S. 15) Es ist wohl besser, so schlau wie ein Dummer zu sein.

Mit System systemisch vernetzt denken

Wenn wir unsere Welt und Zukunft gestalten wollen, müssen wir uns um eine ganzheitliche Sicht der Dinge bemühen, Wechselbeziehungen und Einflussfaktoren erkennen. Es gibt für das systemisch vernetzte Denken eine Art Systematik, indem Sie sich bemühen, Sachverhalte mehrdimensional, dynamisch prozesshaft, ganzheitlich und zugleich detailliert zu betrachten. Anders ausgedrückt: Sie versuchen, geradeaus, im Kreis, um die Ecke, im Vieleck und im Netz zu denken. Beachten Sie dabei diese vier Empfehlungen:

- Denken Sie in Wirkungszusammenhängen statt in Kausalketten.
- Berücksichtigen Sie Neben- und Fernwirkungen von Entscheidungen.
- Klären Sie Zielzusammenhänge und Zielhierarchien.
- Beachten Sie die Eigendynamik des Systems.

Nun zu den methodischen Schritten bzw. Grundregeln des systemisch vernetzten Denkens, angelehnt an die entwickelten Systematiken von Vester (2002) und Probst, Gomez (1989).

1.1 1. Schritt: Modelliere das System bzw. Problem

Unsere Welt besteht aus unendlich vielen miteinander verbundenen, aufeinander einwirkenden Systemen. Die uns Menschen umgebende Realität ist ein System von Systemen. Was wir im Einzelfall als System bezeichnen, hängt von unserem Interesse bzw. unserem Blickwinkel bzw. unserer Eingrenzung ab. Das wird deutlich an der Wissenschaft, die es mit der Erforschung von Systemen zu tun hat und diese darum eingrenzt. So erforscht zum Beispiel die Biologie die Struktur und das Verhalten organischer Systeme, die Soziologie die Struktur, Bewegung und Entwicklung gesellschaftlicher Gebilde und die Volkswirtschaft analog das Wirtschaftssystem. Die Philosophie bemüht sich um die Gesamtschau. Wenn Sie durch eine Kamera blicken, können Sie je nach Interesse die Bildausschnitte immer mehr vergrößern. Ebenso verhält es sich mit dem systemischen Denken.

Ganz allgemein kann man ein System definieren als ein aus Teilen bestehendes Ganzes.

System: Ein Definitionsvorschlag

Da auch ein Haufen Steine ein aus Teilen bestehendes Ganzes ist, müssen wir die Definition erweitern, denn unser Interesse gilt sozialen Systemen, die untereinander in Verbindung stehen und sich durch Verknüpfung und Einwirkung entwickeln und verändern. Viele Systeme können nur dank des Vorhandenseins eines anderen Systems existieren. Wenn sich dieses verändert, muss sich das andere System mit verändern, sonst geht es unter. Dieses Schicksal droht jenen Unternehmen, die sich veränderten Wettbewerbsbedingungen nicht anpassen. Bewegung kann also ansteckend wirken. Wenn man diesen Gedankengang in die Definition einbezieht, dann könnte sie so lauten: „Ein System ist eine Ganzheit, die aus dynamischen, untereinander in Verbindung stehenden und sich beeinflussenden Teilen besteht." (Simon, 1999, S. 46) Man spricht auch von Variablen.

Vom System im System

Die Eigenschaften eines Teils werden vom System als Ganzem bestimmt, ebenso wie das Ganze von den Teilen geprägt wird. Jedes System ist wieder Teil eines größeren bzw. umfassenderen Systems. Für das systemische Denken folgt hieraus, Sachverhalte sowohl analysierend als auch integrierend zu betrachten. Das stufenweise Umschalten von oben nach unten, also vom Unternehmen zur Abteilung zum Mitarbeiter, hat *analysierenden* Charakter, während das Umdenken von unten nach oben, also vom Mitarbeiter zur Abteilung zum Unternehmen, *integrierend* ist.

Zur Systembestimmung

Systemisch vernetztes Denken bedeutet, dass es jedoch auch noch andere Möglichkeiten der Systembestimmung und -abgrenzung gibt, so zum Beispiel die Kette Unternehmen – Vertrieb – Produktion – Einkauf und Verwaltung oder Kette die Aktionäre – Geschäftsführung – leitende

Angestellte – kaufmännische Mitarbeiter – gewerbliche Mitarbeiter – Lieferanten.

Zur Systemabgrenzung

Die Bestimmung und Abgrenzung eines Systems hängt also immer von der Sichtweise und dem speziellen Erkenntnisinteresse ab. Frederic Vester empfiehlt diejenigen Bereiche voneinander abzutrennen, welche die wenigsten Materie-, Energie- oder Informationsflüsse untereinander aufweisen (Vester, 2002).

1.2 2. Schritt: Die Analyse der Wirkungsverläufe im System

Ordnung ermöglicht Zusammenwirken

Wenn die Teile des Systems aufeinander einwirken, dann muss zwischen ihnen eine Verbindung bestehen. So ist beispielsweise die Zugehörigkeit zu einer speziellen Gruppe von bestimmten Voraussetzungen abhängig. Die Mitgliedschaft setzt gewisse Handlungen, aber auch Unterlassungen voraus. Ohne diese Ordnung wäre soziales Zusammenleben unmöglich. Nichts ist aus sich heraus allein verständlich, sondern immer nur im Kontext des Ganzen.

Netzwerke statt Kausalketten

Die Verbindung zwischen dem Ganzen und seinen Teilen kann *monokausal* bzw. *linear* ein, etwa in dieser Form: Kugel A trifft auf Kugel B, diese auf Kugel C und so weiter. Eine komplexe Problemsituation kann nur sehr begrenzt durch eine Ursache-Wirkung-Darstellung, zum Beispiel durch einen Relevanzbaum, dargestellt werden. Oft sind es aber mehrere Ursachen. An die Stelle der Kausalkette muss darum die Vorstellung eines Netzwerkes treten. Firma A senkt die Preise, um größere Mengen abzusetzen. Daraufhin senkt auch Firma B ihre Preise, während die Firma C mit einem Mehr an Qualität ihre Marktposition zu behaupten versucht. Unternehmen D reagiert mit einer Werbeoffensive, um seinen Bekanntheitsgrad und seine Umsatzanteile zu erhöhen.

Da diese Unternehmen schon lange im Wettbewerb stehen, ist nicht eindeutig, wer den ersten Zug wagt, denn das Verhalten von A ist vielleicht nur die Reaktion auf das Verhalten anderer Mitbewerber. Innerhalb dieses Netzwerkes ist es mehr als fraglich, ob es dem Unternehmen A gelingt, seine Marktanteile auszudehnen. Das hier skizzierte Vierersystem ist mehr als die Addition von vier Einzelunternehmen, es ist ein neues System mit neuen Eigenschaften und eigener Dynamik. Infolge der Verknüpfung entsteht ein Regelkreis mit *positiven* oder auch *negativen Rückwirkungen.* Bei großen Netzwerken wie in einer Branche oder einer ganzen Volkswirtschaft beeinflussen sich ganze Regelkreise, sodass die Ursachenbestimmung kaum noch möglich und der Auslöseort nicht mehr bestimmbar ist.

Systemvariablen definieren

Um dieses Problem zu vermeiden, sollten Sie bei der Analyse komplexer Situationen zunächst nur solche Faktoren berücksichtigen, die einen konkreten und direkten Einfluss auf ein System bzw. Problem haben. Eine Veränderung der Variablen muss sich auf das Gesamtsystem auswirken. Um die Übersicht zu behalten, sollten Sie möglichst nicht mehr als 20 bis 40 Systemvariablen definieren.

Offene und geschlossene Systeme

Die Einwirkung auf die Teilsysteme bzw. Systemelemente kann von innen oder auch von außen erfolgen. Zu diesem Zweck wird zwischen offenen und geschlossenen Systemen unterschieden. Ein biologisches oder soziales System ist immer ein offenes. Nur ein mechanisches Maschinensystem kann man sich, einmal von der Energiezufuhr und den Emissionen abgesehen, als geschlossenes System vorstellen.

Vom geschlossenen System

Der Begriff *geschlossenes System* ist relativ, denn es gibt praktisch kein materielles System, das isoliert besteht. Ganzheitliches Denken muss von der Annahme offener Systeme ausgehen, um den ganzheitlichen Anspruch einzulösen. Sie können jedoch Ihre Systemdefinition so einrichten, dass

Sie es gedanklich mit einem geschlossenen System zu tun haben, um dieses besser untersuchen zu können. Für die Analyse von Wirkungsverläufen im System bzw. der Stärke der Wechselwirkungen stehen verschiedene Methoden zur Verfügung, beispielsweise die Wechselwirkungsanalyse (vgl. Kapitel B 10).

1.3 3. Schritt: Die Analyse des Verhältnisses zur Systemumwelt

Soziale Systeme existieren nicht isoliert, sondern in einer Umwelt mit anderen Systemen. Wenn Sie jedoch ein System analysieren wollen, kann es sinnvoll sein, es gedanklich von anderen Systemen bzw. von seiner Umwelt zunächst abzugrenzen. Was als System und dessen Umwelt gilt, muss der Betrachter entscheiden, je nachdem, für welche Art von Austauschbeziehungen zwischen dem System und seiner Umwelt er sich interessiert.

Austauschbeziehungen von System und Umwelt

Wenn, wie vorstehend gesagt, das System und seine Teile voneinander abhängig sind, dann muss das auch für das Verhältnis zwischen dem System und seiner Umwelt gelten. Beide stehen in einem aktiven Austauschverhältnis und beeinflussen sich wechselseitig. Das Unternehmen nimmt Energie und Material aus seiner Umwelt (Input), um daraus Produkte herzustellen. Diese Produkte gehen am Ende als Abfall zurück in die Umwelt und verändern diese in einem Ausmaß, das den Austauschprozess zwischen Mensch und Natur immer mehr gefährdet, ja sogar systemzerstörend wirkt (Output). Man muss also mit der Möglichkeit rechnen, dass ein System so auf seine Umwelt einwirkt, dass es später in dieser Umwelt nicht mehr existieren kann. Auch manche Manager wirken so auf ihre Unternehmen ein, dass diesen der Exitus droht.

1.4 4. Schritt: Die Analyse der Ordnung im System

Die Welt der Systeme ist nicht nur monströs. In Systemen gibt es Regelmäßigkeiten, aus denen sich Ordnungsmuster bilden. Diese prägen Struktur und Verhalten des Systems. Sie erlauben oder verbieten ein bestimmtes Verhalten, stecken Spielräume ab, schränken Freiheiten ein und ermöglichen Orientierung. Ohne Ordnung wäre soziales Leben, insbesondere unternehmerisches Handeln, unmöglich. Ein Unternehmen bedarf der ordnenden Gestaltung, materiell und juristisch. Besonders dort, wo Menschen zusammenleben, wird der Zusammenhalt erst durch Rollen, Normen und Strukturen wirksam. Menschen erwarten, dass auf ihre eigenen Handlungen nicht mit unendlich vielen möglichen Handlungen reagiert wird, sondern mit den von ihnen erwarteten. Vereine, Familien, Unternehmen, Schulen und Universitäten, Behörden, Kirchen, ja selbst die Mafia, sie alle haben Strukturen, Regeln, Aufgaben und Ziele, ohne die der Organisationszweck nicht erreicht werden würde.

Ordnung durch Komplexitätsreduktion

Soziale Systeme bewegen sich auf einem hohen Ordnungsniveau. Diese Ordnung kann von außen in das System eingebracht werden, zum Beispiel durch politischen Wandel oder juristische Entscheidungen. Um ein System wie ein Unternehmen plan- und beherrschbar zu machen, versucht das Management, dessen Komplexität zu reduzieren, indem es Dienstvorschriften, Organisationspläne, Führungsrichtlinien u.Ä. erlässt. Damit sollen, so die Erwartung der Chefetage, Abläufe und Verhaltensweisen geprägt werden, um Ordnung zu bewirken.

Folgen der Überregulierung

Das hat Vor- und Nachteile. So sinnvoll es ist, Komplexität zu reduzieren, um Ordnung und Transparenz zu schaffen, so sehr können Richtlinien ein System zugrunde richten. Werden einem System die Flügel beschnitten, dann wird ihm damit die notwendige Anpassungsflexibilität genommen. Die Folgen der Überregulierung beispielsweise in Form der Bürokratisierung sind gravierend. Sobald der Dienst nach Vorschrift verrichtet wird, läuft fast nichts mehr. Bekannt sind die Klagen über die deutsche Gesetzesflut, die dafür sorgt, dass Investitionsvorhaben im Bürokratiedickicht ersticken. Am schlimmsten sind die Folgen der Komplexitätsbewältigung im Bereich der deutschen Finanzverwaltung. Die daraus folgende Unübersichtlichkeit des Steuerrechts machte den Beruf des Steuerberaters notwendig.

1.5 5. Schritt: Die Analyse der Lenkungsmöglichkeiten des Systems

Im Gegensatz zu stabilen mechanischen Systemen verfügen biologische und soziale Systeme über die Fähigkeit zur homöostatischen Balance. Damit ist gemeint, dass sie in der Lage sind, ihre Strukturen trotz wechselnder Umwelteinflüsse aufrechtzuerhalten.

Die Aufgabe der Kybernetik

Wie aber steuert sich ein System und balanciert sein Gleichgewicht? Die beste Antwort hierauf gibt die Kybernetik. Man könnte sie als die Wissenschaft von den Eigenschaften und Gesetzmäßigkeiten der Regelung und Informationsverarbeitung in dynamischen Systemen definieren. Die elementaren Komponenten eines kybernetischen Systems sind das System als Träger der Prozesse, die Information und die Regelung. Dementsprechend untersucht die Kybernetik solche Systeme, in denen Rückkoppelung infolge von Informationsverarbeitung auftritt. Ihr zentrales Anliegen ist dabei, die zusammenhängenden Teile so miteinander in Beziehung zu bringen, dass ein gewollter, gleichbleibender Zustand erreicht wird.

Lenkung und Steuerung

Die Kybernetik gliedert den Vorgang der Lenkung in Steuerung und Regelung. Steuerung bedeutet, auf ein System so einzuwirken, dass es sich in einer bestimmten Art verhält oder eine gewünschte Richtung einschlägt. Im Gegensatz dazu ist die Regelung eher reaktiver Natur, denn hier wird über Rückkoppelung etwas angepasst bzw. im Regelkreis korrigiert.

Rückkoppelung durch Information

Das setzt voraus, dass Informationen, *Sollwerte* und *Regelungsmechanismen* vorhanden sind. Tritt eine Abweichung von den Sollwerten ein, werden die Informationen darüber an ein *Steuerungszentrum* weitergeleitet. Das kann der Thermostat am Heizkörper, das Immunsystem des menschlichen Körpers, der Autopilot im Flugzeug oder die Aktienbörse sein. Hier wird aufgrund der vorliegenden Information die Rückkoppelung bzw. Regelung vorgenommen. Dabei handelt es sich selten um einen einzigen Rückkoppelungsvorgang, sondern meist um ein vernetztes System von Rückkoppelungskreisen.

Die Bedeutung von Rückkoppelung

Wie wichtig Rückkoppelung ist, zeigt die Wirtschaft. Sie bricht zusammen, wenn nicht ständig Zahlungen neue Zahlungen ermöglichen, die neue Geschäfte erlauben. Die Zahlung entspricht dem, was die Erbinformation für das Leben bedeutet.

Die Zweckmäßigkeit von Eingriffen in Systemabläufe

Rückkoppelung ist das Grundprinzip marktwirtschaftlicher Vorgänge, und zwar auf der Grundlage der einfachen „Spielregel“ von Angebot und Nachfrage. Gleichwohl birgt aber jedes Laisser-faire der Marktwirtschaft zugleich Systemgefahren in sich, die es dem Staat ratsam erscheinen lassen, durch Zins-, Geld- und Steuerpolitik in den Systemprozess des Marktes einzugreifen. Intensität und Umfang der Lenkung sind abhängig vom Charakter und von der Vernetzung der Teilsysteme im Gesamtsystem.

Rettung der Systeme

Zwar verfügen Systeme über die Fähigkeit zum Gleichgewicht, aber es gibt Situationen, bei denen die Steuerungsstrukturen und Kontrollressourcen nicht mehr ausreichen, um das System in der Balance zu halten. Auch hier sind rettende Eingriffe notwendig oder aber das System geht unter. Die Eingriffe der Politik in das Gesundheitswesen zum Beispiel verfolgen letztendlich den Zweck, das Gesamtsystem an die veränderten Randbedingungen anzupassen. Möglich ist aber auch, dass ein Element aus der Systemstruktur herausgelöst oder gar „aufgegeben" wird, um die übrigen Teilsysteme zu erhalten.

1.6 6. Schritt: Die Analyse der Entwicklungsmöglichkeiten des Systems

Ein technisches System kann sich aus sich heraus (noch) nicht entwickeln. Biologische Systeme sind anpassungsfähig, denn sie müssen überleben. Auch soziale Systeme wollen überleben und sich deshalb entwickeln. Das gilt im besonderen Maße für Unternehmen, bei denen auch die Ruhe nur ein Zustand der Bewegung und Entwicklung ist. Im Gegensatz zu biologischen Systemen sind Organisationen bewusst entwicklungsfähig. Sie sind schöpferisch, formulieren Ziele und verhalten sich entsprechend. In ihnen kann entschieden werden, *was* gewollt ist und *wie* es erreicht werden soll. Sie können sogar über sich selbst nachdenken, sich beurteilen und verändern, ja, sie können sich sogar infrage stellen. Sozialsysteme sind kein Evolutionsergebnis, sondern Produkte menschlicher Kultur.

Die lernende Organisation

Entwicklung ist notwendig. Darum müssen Unternehmen und Organisationen offen sein für Neuerungen und Veränderungen. Das setzt voraus, dass sie lernwillig und -fähig sind. Damit wird der Weg zum *lernenden Unternehmen* eingeschlagen. Nicht der Einzelne lernt, sondern die Organisation in ihrer Gesamtheit. Auch hier gilt die Erkenntnis, wonach das (Lern-)Ergebnis mehr ist als die Summe seiner Teile.

Aus Fehlern lernen

Lernen ist aber kein einmaliger Ausbildungsakt. Auch Institutionen müssen das Lernen lernen. Das bedeutet, dass sie Experimente unterstützen, Risiken eingehen, Fehler tolerieren, Konflikte zulassen und lernen, damit konstruktiv umzugehen.

Veränderungen als Folge von Veränderungen

Kenntnisse über den aktuellen Istzustand eines Systems reichen nicht. Man muss auch etwas über die Veränderungen im Zeitablauf wissen. Da diese selten in Form mathematischer Funktionen vorliegen, sollte man sich mit Tendenzbeschreibungen begnügen, indem man Veränderungen als Folge von Veränderungen feststellt.

2. Die Szenariomethode

Es gibt die Szenariomethode als „Standardverfahren“, bestehend aus einigen wenigen Schritten, und in der getunten „Premiumversion“ mit beliebig vielen methodischen Extras wie zum Beispiel der Expertenbefragung (Kapitel B 3). Eine theoretisch fundierte von der Mehrheit akzeptierte bzw. normierte Vorgehensweise fehlt bis heute.

Es handelt sich weniger um das Voraussagen
als um das Vorausdenken der Zukunft.
KURT SONTHEIMER

2.1 Zum Begriff

Unter einem *Szenario* versteht man die Beschreibung einer zukünftigen Situation und gegebenenfalls die Darstellung des Weges dahin. Es handelt sich um eine komplexe Analysemethode, mittels derer man unterschiedliche Szenarioprojektionen entwickelt, um hieraus Maßnahmen für Organisationen oder Unternehmen, einen ihrer Bereiche oder eine Einzelperson abzuleiten.

Kernbegriffe der Szenariomethode

Im Folgenden wird der Begriff *Szenariomethode* statt *Szenariotechnik* verwendet. Er bezieht sich auf die Vorgehensweise. Eine Methode ist ein mehr oder weniger planmäßiges Verfahren zur Erreichung eines Zieles bzw. ein spezieller Erkenntnisweg. Die Kernbegriffe der Szenariomethode sind: *Schlüsselfaktoren*, *Szenario* und *Projektion.*

- **Schlüsselfaktoren:** Nicht alle auf den Untersuchungsgegenstand einwirkenden Einflussfaktoren sind wichtig. Nachdem diese bestimmt und aussortiert wurden, liegen die für ein Szenario relevanten Faktoren vor, die man als Schlüsselfaktoren bezeichnet. Sie werden der weiteren Analyse zugrunde gelegt.

- **Szenario:** Ein Szenario ist ein hypothetisches Zukunftsbild (Übersetzung von Szenario) eines interessierenden Bereiches und der Entwicklungspfade dahin.
  In Verbindung mit weiteren Szenarien zeigt es in Form quantitativer wie auch qualitativer Aussagen einen Raum möglicher zukünftiger Entwicklung und dient so der Orientierung von Entscheidungsträgern.
- **Projektion:** Dieser Begriff wird im Sinne einer Aussage über zukünftige Ereignisse, Situationen oder Sachverhalte genutzt. Eine Zukunftsprojektion ist einer von mehreren möglichen Zuständen zu einem festgelegten Zeitpunkt in der Zukunft. Im Gegensatz zu Prognosen basieren Projektionen nicht ausschließlich auf Beobachtungen aus der Vergangenheit und objektiven Verfahren. Auch subjektive Aspekte wie die Einschätzungen von Experten fließen in eine Projektion mit ein.

Begriffsklärung: Prognose

In Verbindung mit der Szenariomethode wird häufig der Begriff *Prognose* verwendet. Hierbei handelt es sich um eine Aussage über zukünftige Ereignisse bzw. Entwicklungen eines Dinges oder Sachverhaltes, beruhend auf Daten und Informationen der Vergangenheit, die aufgrund bestimmter Gesetzmäßigkeiten und systematischer Verläufe Erkenntnisse für die Zukunft zulassen.

2.2 Der Szenariotrichter

Mithilfe eines Trichters wird die Grundstruktur der Methode gedanklich dargestellt. Die rechte Trichteröffnung symbolisiert die Unsicherheit und Vielgestaltigkeit der Zukunft. Am linken, dem engsten Punkt des Trichters befindet sich die Gegenwart, und je weiter man sich von dort zur Trichteröffnung hin bewegt, desto unsicherer und komplexer wird die Zukunft. Nach links hin ist die Zukunft noch vorstellbar, aber nach rechts hin wird sie ungewiss. Die Schnittfläche der Trichteröffnung steht für die Summe aller denkbaren oder theoretisch möglichen Zukünfte.

Drei Zukunftsbilder als Regelfall

Im Regelfall sind dem Szenariotrichter drei Zukunftsbilder zu entnehmen:

- Eine positive Szenarioprojektion. Sie macht Aussagen unter der Annahme bestmöglicher Rahmenbedingungen zu einem definierten Zeitpunkt.
- Eine negative Szenarioprojektion. Sie nimmt den Worst Case an.
- Ein Trend- oder Wahrscheinlichkeitsszenario. Die Linie in der Mitte steht für eine Zukunftsprojektion, bei der die Gegenwart unter Annahme stabiler Umweltbedingungen, also ohne gravierende Einflüsse und Brüche, linear fortgeschrieben wird.

Szenariotrichter

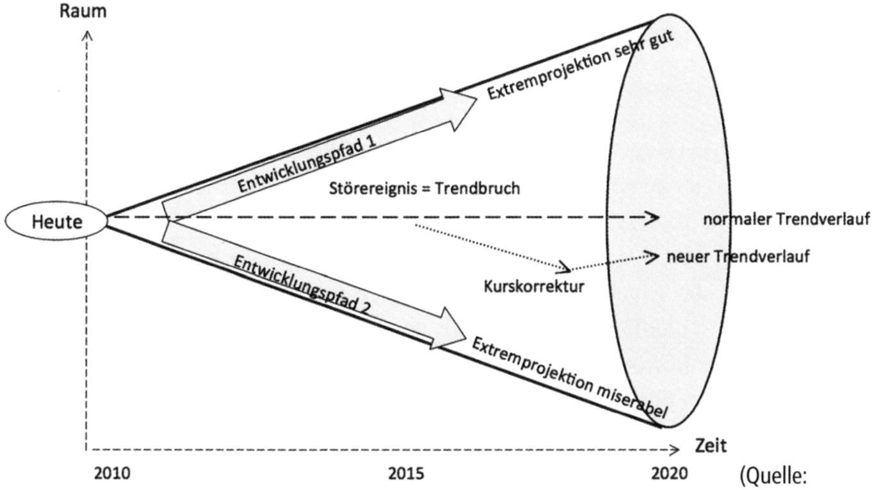

(Quelle: eigene Darstellung)

Der Trichterrand als Grenze der Möglichkeiten

Am Trichterrand verlaufen Extremprojektionen, oben positiver, unten negativer Art. In dem Raum zwischen den Extremprojektionen an den Trichterrändern sind also alle denkbaren Trendverläufe möglich. Insofern markiert der Trichterrand die Grenze der Möglichkeiten. Was außerhalb liegt, wird als irrelevant oder unwahrscheinlich ignoriert. Der Trichter steckt also den möglichen Verlaufskorridor ab. Je größer die Trichteröffnung, umso mehr Zukunftsverläufe sind denkbar.

Neue Zukunftsbilder durch Störereignisse

Der Punkt Störereignis ist trendmäßig nicht erkennbar. Es lenkt den Verlauf in eine andere Richtung, sodass sich ein anderes Zukunftsbild ergibt. Ist dieses problembehaftet, sind Gegenmaßnahmen zu ergreifen.

2.3 Wahrscheinlichkeiten statt Gewissheiten

Wer „harte" Vorhersagen und eine eindeutige Fortschreibung der Gegenwart erwartet, wird enttäuscht, denn mehr als Zukunftsbilder auf der Basis von Gedankenexperimenten sind nicht möglich. Aber ein Denken in Alternativen kann Ungewissheiten und Unsicherheiten reduzieren und die mittlere Zukunft vorstellbar machen.

Wirkungszusammenhänge erkennen

Im Gegensatz zur traditionellen Zukunftsanalyse werden mit der Szenariomethode verschiedene Zukunftsperspektiven entwickelt. Zukunft hat multiplen Charakter und alternative Gestaltungsoptionen. Dabei ist der Prozess oft wichtiger als das Ergebnis, denn es geht nicht nur um zukünftige Wahrscheinlichkeiten, sondern um die Ermittlung von Wirkungszusammenhängen. Die Szenariomethode bietet damit mehr als ein statisches Zukunftsbild. Außerdem geht es nicht um *die* Zukunft, sondern um relevante Ausschnitte oder beeinflussbare Einzelfaktoren.

Störereignisse mitdenken

Manager oder auch Politiker betrachten die Zukunft oft als eine Verlängerung der Gegenwart. Der Einsatz der Szenariomethode macht Vorurteile oder begrenzte Sichtweisen bewusst. Entscheidungsträger werden zum strategischen Denken angeregt und erkennen, dass die Zukunft mehr ist als die bloße Fortschreibung der Gegenwart. Das aber setzt den Willen zum vernetzten und zukunftsoffenen Denken voraus, denn viele Zukünfte sind denkbar, selbst Störereignisse. Diese werden in den Prozess gleich einbezogen, sodass Präventivmaßnahmen angedacht werden können. Sie können also eine Störfallanalyse einbauen, müssen es aber nicht.

Langfristprognosen mittels der Szenariomethode

Viele vernetzt wirkende Faktoren, die wirtschaftliche Situation, Märkte, Wettbewerb, Verträge, Gesetze und Normen, Werte und Regeln, haben Einfluss auf die Zukunft. Diese Faktoren können Sie leicht auf die nähere Zukunft, also auf einen Zeitraum von zwei bis drei Jahren, projizieren. In dieser Zeit verändern sie sich weniger gravierend als über einen längeren Zeitraum. Wenn Sie aber strategisch planen, brauchen Sie Langfristprojektionen. Das sind zunächst zwar nur Hypothesen, aber gut begründete. Insofern basiert die Szenariomethode auf einer Mischung von Fantasie und Realität, von Kreativität und Logik.

Keine Gewissheit, sondern nur theoretisch mögliche Zukunftssituationen

Die Linien der Trichter zeigen nur etwas, erklären aber nichts. Die Erklärung erfolgt in Textform, oft in seitenlangen Gutachten. Nochmals: Es handelt sich immer nur um denkbare, theoretisch mögliche Zukunftssituationen. Dabei kommen Sie gegebenenfalls auf Dutzende von möglichen Zukünften. Sollen und wollen Sie sie alle berücksichtigen?

2.4 Ablauf und Durchführung von Szenarien

Eine Szenarioanalyse wird in der Regel durch einen Sachverhalt angestoßen, der klärungs- oder lösungsbedürftig ist. Szenarioprojektionen werden also aus der gegenwärtigen Situation heraus entwickelt, um plausible und begründbare Zukunftsbilder zu entwickeln.

Schrittweises Vorgehen bis zur Projektion

Die Szenariomethode erfordert ein strukturiertes Vorgehen. Handelt es sich um ein Thema, das umfassender ist, setzen Sie zweckmäßigerweise ein Projektteam ein. Der Analyseprozess selbst besteht aus mehreren Schritten. Manche Autoren empfehlen acht, andere fünf, zwölf oder sechs. In diesem Buch wird ein achtstufiges Vorgehen empfohlen. Die Schrittgliederung führt zu keiner Qualitätseinbuße. Auch gibt es Abweichungen in der Benennung der Projektionsphasen, aber inhaltlich sind sie identisch.

Phasen der Szenarioerstellung

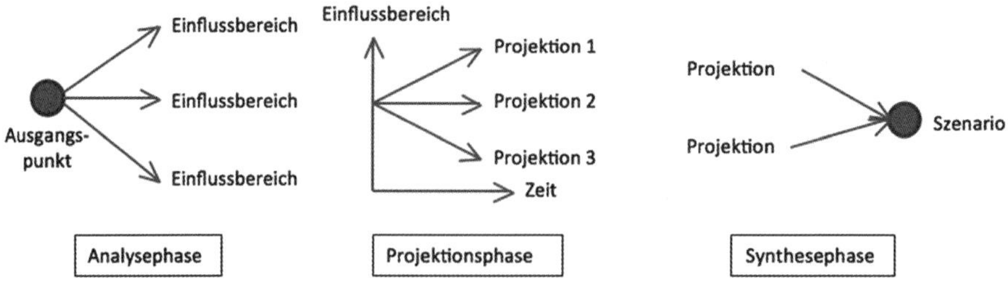

(Quelle: eigene Darstellung)

Ganz grob könnte man die Phasen auch folgendermaßen benennen:

- Analysephase
- Identifizieren und Strukturieren der möglichen Einflüsse
- Wechselwirkungsanalyse
- Projektionsphase
- Trendprojektion

- Projektions- und Alternativbündelung
- Synthesephase
- Szenarienbildung

Die Darstellung

Unterschiedlich ist auch das Design von Szenarioprojektionen. Manche Analysen basieren auf Zahlenfriedhöfen, eingebettet in vielspaltigen Tabellen. Andere erinnern eher an eine Erzählung. Besonders Kreative verpacken das Endszenario in eine Zukunftszeitung. Die Anwender sind frei in der Darstellung. Es kommt auf die Zielgruppe und den Zweck an. Das gilt ebenso für den Ablauf und die Struktur eines Szenarioprojektes. Man kann die Analyse mathematisch präzise fundieren oder einfach nur unter Zuhilfenahme von Verstand, Bauch und Erfahrung erstellen.

Von unterschiedlichen Vorgehensweisen ...

Wird die Methode im Rahmen unternehmerischer Strategieformulierung eingesetzt, spricht man vom Szenariomanagement. Hier trifft man auf sehr komplexe und präzise Vorgehensmodelle wie die Paderborner Szenarioschule. Engländer und US-Amerikaner setzen das Szenariomanagement weniger detailliert und strukturiert ein, als dies hierzulande üblich ist.

... zur Beliebigkeit der Anwendung

Es gilt nochmals hervorzuheben, dass es kein einheitliches und erst recht kein standardisiertes Szenarioverfahren gibt. Daraus resultiert eine gewisse Beliebigkeit des konkreten Vorgehens. Der Anwender muss damit leben, dass es an definierten Anwendungsmaßstäben und -orientierungen fehlt. In der nachfolgenden Beschreibung werden Elemente der Battelle-Schule und der Paderborner Schule kombiniert und angereichert mit der „Methodenwürze“ des Autors.

1. Schritt: Aufgabenklärung und Themenstrukturierung

Das Thema wird zunächst konkretisiert. Was genau soll untersucht werden? Worum geht es? Sie grenzen also Ihren

Untersuchungsgegenstand ab und strukturieren ihn. Hierbei sind zwei Bereiche zu beachten:

- Das Szenariofeld
- Das Gestaltungsfeld

Das Szenariofeld beschreiben

Angenommen, Sie sind Chef eines Unternehmens und wollen mögliche Zukünfte abtasten, um strategische Wenn-dann-Optionen zu entwickeln. Alles, was aus dem Umfeld Ihr Unternehmen beeinflusst, gehört zum Szenariofeld. Das können Märkte, Rohstoffpreise, neue Technologien, die Steuerpolitik und anderes mehr sein. Sie selbst haben kaum Möglichkeiten, dieses Feld zu beeinflussen, es sei denn, Ihr Unternehmen ist ein machtvoller Großkonzern. Was immer auf dem großen Szenariofeld passiert, es wirkt zurück auf das, was wir fortan Gestaltungsfeld nennen.

Das Gestaltungsfeld definieren

Im nächsten Schritt definieren Sie Ihr Gestaltungsfeld. Das Gestaltungsfeld ist, wie es das Wort sagt, ein gestaltbarer bzw. lenkbarer Bereich. Unternehmen, Verbände oder Kommunen sind Gestaltungsfelder, denn sie werden durch Menschen gelenkt. Es ist ein kleiner Teil des großen Szenariofeldes, sozusagen ein Mosaikstein. In das Gestaltungsfeld wirken vielerlei Einflüsse aus dem Szenariofeld, die hinsichtlich ihrer Wirkung zu beachten sind. Das Szenariofeld setzt die Rahmenbedingungen.

Gliederung des Gestaltungsfeldes

In der Regel handelt es sich auch beim Gestaltungsfeld um ein komplexes Gebilde. Es lässt sich kaum „an einem Stück“ analysieren. Darum wird das Gestaltungsfeld in seine Komponenten oder, anders ausgedrückt, in seine Teilsysteme zerlegt. Im Falle eines Unternehmens könnten das die Abteilungen, die wichtigsten Prozesse oder die Wettbewerbsfaktoren sein. Die zentrale Frage an jede dieser Komponenten lautet: Welche Wirkung hätte welche Veränderung im Szenariofeld auf das Gestaltungsfeld? Beispiel: Was wären die Wirkungen einer Leitzinserhöhung (Szenariofeld) für unsere Investitionsplanung (Gestaltungsfeld)?

Man könnte das Szenariofeld als Hauptsystem und das Gestaltungsfeld als Subsystem betrachten, so wie in der Abbildung dargestellt.

Einflussbereiche und -faktoren im Systemkegel

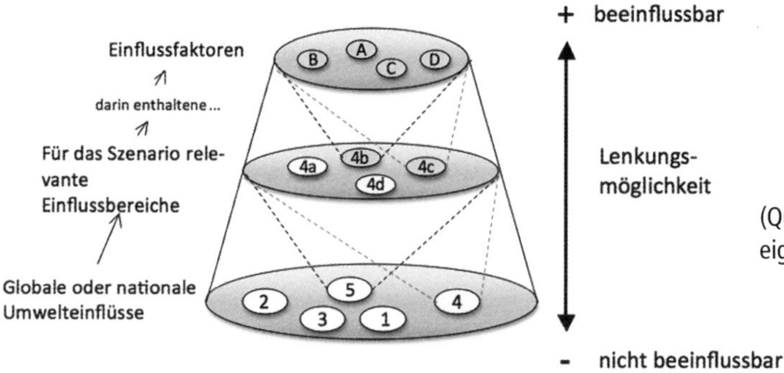

(Quelle: eigene Darstellung)

Fundierung mittels SWOT-Analyse

Es ist sinnvoll, die Gestaltungsfeldanalyse mit einer Stärken-Schwächen-Analyse zu fundieren. Das methodische Angebot an skalenbasierten Stärken-Schwächen-Profilen ist groß. Für viele Zwecke ist die SWOT-Analyse ausreichend, die nicht nur nach den Stärken (Strenghts) und Schwächen (Weaknesses), sondern auch nach den Chancen (Opportunities) und Risiken (Threats) fragt.

Der Zweck der Szenarioanalyse

Im nächsten Schritt müssen Sie als Anwender klären, was Sie wollen. Wollen Sie ein:

- exploratives Orientierungsszenario, mit dem Sie eine mögliche Zukunft abbilden (Was ist zu erwarten?), um Strategien einzuleiten?

- normatives Wunsch- oder Chancenszenario mit dem Ziel, positive, aber mögliche Zukunftsbilder zu konstruieren (Welche Zukunft wollen wir?)?
- Oder wollen Sie eine Mischform aus beiden?

Charakter und Zweckbestimmung

Szenarioprojektionen können einen sehr spezifisch detaillierten oder auch globalen Charakter haben, so wie man es von den Szenarien der Bundesregierung, der EU oder UNO her kennt. Aus der Zweckbestimmung ergibt sich schließlich die weitere Planung des Szenarioprojekts, insbesondere der Umfang hinsichtlich Personal-, Mittel-, Beratungs- und Methodeneinsatz.

Die Frage nach dem Analysezweck

Manche Organisationen führen die Analyse durch, einfach nur um die Gegenwart extrapolativ fortzuschreiben. Man versucht hier einfach einen Blick aus dem Heute in das Morgen. Andere interessieren sich für Was-wäre-wenn-Ergebnisse. Das Interesse kann auch Entwicklungsverläufen oder antizipierenden Zwecken dienen, indem Sie fragen: Was muss im Hinblick auf das Ziel X zum Zeitpunkt Y heute alles an Maßnahmen ergriffen werden?

Den Zeitraum festlegen

Im nächsten Teilschritt legen Sie den Zeitraum für Ihre Projektionsszenarien fest. Welchen Zustand wollen Sie für welches Jahr, 2015 oder 2020, klären? Vielleicht nehmen Sie den Zeitraum, den eine Organisation oder eine Person (Sie persönlich) benötigt, um eine Strategie umzusetzen oder um eine bedeutende Innovation zu entwickeln und zu vermarkten. Rechnen Sie Zeitpuffer hinzu.

Der Zusammenhang von Fragestellung und Zeithorizont

Der Zeithorizont ist stark abhängig von den Besonderheiten eines Sachverhaltes oder einer Branche. Fragen der Energieversorgung haben einen längeren Zeithorizont als die kommende Frühjahrsmode. Bei der ESA werden die Szenarien für Weltraumexpeditionen noch langfristiger angedacht. Bei kurzfristigen Szenarien beträgt der Zeithorizont etwa ein Jahr, bei langfristigen mindestens fünf Jahre. Extremszenarien haben in der Regel eher einen langfristigen, Trendszenarien eher einen kurzfristigen Zeithorizont.

Begründete Annahmen statt Zukunftsfantasie

Wie also steht es um Sie persönlich, eine Person oder Organisation in etwa zehn Jahren? Es geht nicht um vorstellbare, sondern um plausible Zukünfte auf der Grundlage gegebener Ausgangsverhältnisse. Natürlich ist die Zukunft nicht exakt vorhersehbar, aber es gibt begründbare Annahmen über die Entwicklung wichtiger Faktoren. Sie vergegenwärtigen sich die Situation heute und benennen die heute vorliegenden Probleme und jene, die in Zukunft wirksam sein könnten.

Problemerkennung statt Schnellschüsse

Aus den Ergebnissen dieses Analyseschrittes leiten Sie nun Fragen ab, jedoch ohne sofort Lösungsvorschläge zu formulieren. Zunächst geht es um die Problemerkennung und Stärkung des Problembewusstseins.

Ein Beispiel

Um die Szenariomethode verständlich zu machen, wird nachfolgend eine fiktive Person als Analysebeispiel verwendet oder – wie man es in der Sprache der Szenarioanalyse ausdrückt – als Gestaltungsfeld. Stellen Sie sich einen 45-jährigen Angestellten in leitender Position vor, verheiratet, zwei Kinder, in einem eigenen Einfamilienhaus in guter Lage wohnend. Er versucht eine Einschätzung seiner Arbeits- und Lebenssituation einschließlich seiner Familie in fünf Jahren, um zu wissen, was ihn erwartet und worauf er sich einzustellen hat. Seine Zielfrage lautet: Wo stehen meine Familie und ich in fünf Jahren? Hiervon ausgehend will er sich auf verschiedene Eventualitäten einstellen und planerisch Vorsorge schaffen.

2. Schritt: Identifizieren und Strukturieren der möglichen Einflüsse

Nunmehr muss unser Familienvater jene allgemeineren Einflüsse identifizieren, die aus dem Szenariofeld auf ihn als Untersuchungsgegenstand bzw. als Gestaltungsfeld einwirken. Es handelt sich um Bedingungsgrößen im Sinne von „wenn-dann". Zu unterscheiden sind die eher übergeordneten Einflussfelder (z. B. Wirtschaft) und die eher konkret wirkenden Faktoren (z. B. Gehaltsentwicklung). Man spricht hier von:

- Einflussbereichen und
- Einflussfaktoren

Die Einflussbereiche

In den Rahmen der Umfeldanalyse der Zukunfts- und Trendforschung und des strategischen Managements wurden ökonomische, technologische, politische sowie soziokulturelle Allgemeinfaktoren wie Beschäftigungssituation, Wirtschaftsentwicklung, Umweltpolitik, Gesetzgebung bereits beschrieben. Es handelt sich also um Einflüsse, die von außen auf das Gestaltungsfeld einwirken. Ist dieses sehr klein, also eine Person oder eine Abteilung, könnte auch ein Unternehmen, eine Organisation oder eine Kommune als Einflussbereich definiert werden. So würde ein örtlicher Verein wahrscheinlich vorgehen. Ein karriereambitionierter Mitarbeiter interessiert sich eher für seinen Arbeitsplatz als den für ihn relevanten Einflussbereich. Was jeweils der Einflussbereich ist, hängt von der Größe, den Elementen und der Bedeutung des Gestaltungsfeldes bzw. vom Analyseinteresse des Anwenders ab.

Die Einflussfaktoren

Bleiben wir bei unserem Familienvater: Er meint, dass seine Zukunft von drei maßgeblichen Einflussbereichen abhängt: seiner Gesundheit, seinem Arbeitsplatz und seiner Familie. Das sind zunächst wenig brauchbare Oberbegriffe. Welches sind die jeweiligen Hebelkräfte? Um das herauszufinden, verschaffen wir uns zunächst einen Überblick über jene Faktoren, die auf die Gesundheit, den Arbeitsplatz und die Familie einwirken und deren Verläufe bestimmen. Hierfür steht der Begriff *Einflussfaktoren.*

Einflussbereich	**Einflussfaktoren**
Arbeitsplatz	Einkommen, Karriere, Kollegen, wirtschaftliche Situation des Unternehmens, Arbeitsort u.a.m.
Familie	Ehefrau, Eltern, Kinder, Verwandte, Freunde u. a. m.
Gesundheit	Körpergewicht, Sport, Ernährung, mentale Fitness, Vorsorgeuntersuchungen u. a. m.

Von Einflussfaktoren zu Schlüsselfaktoren

Einflussfaktoren konkretisieren und präzisieren also die Analyse. Jeder Einflussbereich hat seine speziellen Einflussfaktoren. Das können Sachverhalte, Variablen, Trends, Parameter, Ereignisse oder Entwicklungen sein. Dabei dürfen zunächst mehr Faktoren zugelassen als später verwendet werden, denn in einem weiteren Schritt werden die wirklich bedeutsamen Faktoren „herausdestilliert". Nicht alle sind gleichermaßen wichtig. Außerdem ist eine zu große Anzahl an Einflussfaktoren in den nachfolgenden Analysephasen nur schwer handhabbar. Darum sollte man sich auf die wesentlichen beschränken. Von da ab spricht man von Schlüsselfaktoren. Das sind also diejenigen Einflussfaktoren, die im Gestaltungsfeld letztendlich die stärkste Wirkung entfalten oder am stärksten beeinflusst werden. Aber die müssen wir zunächst noch ermitteln (siehe Kapitel B 10).

Beschränkung auf beeinflussbare Faktoren

Im Fall des konkreten Fallbeispiels wurde der Einflussbereich „Arbeitsplatz" mit diesen fünf Faktoren konkretisiert: Einkommen, Karriere, Kollegen, wirtschaftliche Situation des Unternehmens und Arbeitsort. Natürlich sind mehr als drei Einflussbereiche und mehr als fünf Einflussfaktoren pro Einflussbereich vorstellbar, aber Sie müssen die Übersicht behalten. Mit der Anzahl der Einflussfaktoren steigt auch die Menge der zu untersuchenden Zusammenhänge. Es droht ein Konflikt zwischen dem Anspruch umfassender Analyse und der Übersichtlichkeit. Darum empfiehlt es sich, die Analyse auf die wesentlichen Faktoren zu beschränken, vor allem auf jene, die beeinflussbar sind. Welche das sind, ermitteln Sie mittels der jetzt folgenden Einflussanalyse.

Das Problem subjektiver Einflüsse

Die Benennung der Einflussfaktoren ist nicht ganz unproblematisch, da subjektive Einschätzungen einfließen. Manche Menschen erkennen den Faktor X als wichtig, andere den Faktor Y. Da bei den Einflussfaktoren harte Qualitätskriterien fehlen, kann der Anwender hier bewusst oder unbewusst Einfluss auf die späteren Ergebnisse nehmen. Unwesentliche Einflussfaktoren sind aber getrost zu vernachlässigen, da sie nur einen geringen Einfluss auf das Szenarienfeld ausüben.

3. Schritt: Die Wechselwirkungsanalyse

Nachdem Sie die Einflussbereiche durch die entsprechenden Einflussfaktoren konkretisiert haben, analysieren Sie deren Vernetzung und bewerten, wie stark jeder Einflussbereich die anderen Bereiche beeinflusst bzw. von ihnen beeinflusst wird. So erfahren Sie, welcher Einflussfaktor wie viel Bedeutung im Einflusssystem hat und wie stark er auf die anderen Faktoren wirkt. Im Ergebnis ermitteln Sie die entscheidenden Schlüsselfaktoren.

Was wirkt wie aufeinander?

Bei dem gewählten Personenbeispiel wäre zu klären, *was* alles *wie* stark aufeinander wirkt, etwa die wirtschaftliche Situation des Unternehmens auf das Jahreseinkommen oder die Ehefrau auf die Karriere. Was hier wie sinnvoll ist, hängt vom Thema und Interesse ab. Bewerten können Sie anhand dieser Zuordnung: O = kein Einfluss; 1 = schwacher Einfluss, 2 = mittlerer Einfluss und 3 = starker Einfluss.

Wirkung von → auf ↓	1 Einkommen	2 Karriere	3 Unternehmenssituation	4 Kollegen	5 Arbeitsort	6 Ehefrau	7 Kinder	8 Eltern	9 Verwandte	10 Freunde	11 Körpergewicht	12 Sport	13 Mentale Fitness	14 Ernährung	15 Vorsorgeuntersuchungen	Aktivsumme
1 Einkommen		0	0	0	0	3	1	1	1	0	0	1	1	0	0	8
2 Karriere	3		1	1	1	2	1	0	1	0	0	1	1	0	0	12
3 Unternehmenssituation	2	1		2	2	0	0	0	0	0	0	2	2	0	0	11
4 Kollegen	1	1	2		0	0	0	0	0	0	0	0	1	0	0	5
5 Arbeitsort	2	3	0	0		1	0	2	1	1	0	0	0	0	1	11
6 Ehefrau	0	2	0	1	0		3	1	2	1	2	1	2	0	0	15
7 Kinder	0	1	0	0	0	2		2	1	1	0	1	1	1	0	10
8 Eltern	0	0	0	0	0	1	1		2	0	1	1	1	0	0	7
9 Verwandte	0	0	0	0	0	1	1	1		0	0	0	0	0	0	3
10 Freunde	0	1	0	0	0	1	1	1	1		0	0	1	0	0	6
11 Körpergewicht	0	1	0	0	0	0	1	0	0	0		2	2	3	0	9
12 Sport	0	1	0	0	0	1	1	0	1	1	3		2	3	0	13
13 Mentale Fitness	1	2	1	2	0	2	2	1	1	1	1	2		0	0	16
14 Ernährung	0	0	0	0	0	0	1	0	0	0	1	2	1		0	5
15 Vorsorgeuntersuchungen	0	0	0	0	0	1	1	0	0	0	0	1	1	0		4
Passivsumme	9	13	4	6	3	15	14	9	11	5	8	14	16	7	1	

Schlüsselfaktoren ermitteln

Das Vernetzungsbeispiel zeigt, dass die mentale Fitness (AS 16 zu PS 16) ein gewichtiger Einflussfaktor ist. Auch die Ehefrau spielt eine starke Rolle (AS 15 zu PS 15), ebenso die Karriere (AS 12 zu PS 13). Von den Kindern (AS 10 zu PS 14) und der sportlichen Aktivität (AS 13 zu PS 14) gehen ebenfalls starke Einflüsse aus. Wirksame Kräfte sind auch das Einkommen und das Körpergewicht. Jetzt kennen wir unsere Schlüsselfaktoren. Spätestens an dieser Stelle wird der Begriff *Einflussfaktoren* durch *Schlüsselfaktoren* ersetzt.

Die Interpretation

- **Aktive bzw. impulsive Faktoren (hohe AS/niedrige PS):** Diese Faktoren nehmen mehr Einfluss auf das Problemfeld, als sie selber beeinflusst werden. Sie sind wirksame „Hebel" oder „Schalter", falls es sich gleichzeitig um lenkbare Faktoren handelt, über die man gestaltend einwirken kann.
- **Reaktive bzw. passive Faktoren (niedrige AS/hohe PS):** Diese Faktoren werden stärker beeinflusst, als sie selbst beeinflussend wirken. Sie sind gute Indikatoren zur Beobachtung einer Situation.
- **Kritische bzw. dynamische Faktoren (hohe AS/hohe PS):** Diese Faktoren beeinflussen das Feld stark, werden aber auch stark selber beeinflusst. Sie sind mit den anderen Faktoren vernetzt und werden vom System genauso stark beeinflusst, wie sie selbst das System beeinflussen.
- **Puffernde bzw. träge Faktoren (niedrige AS/niedrige PS):** Diese Faktoren beeinflussen das Feld nur schwach und werden selbst nur schwach beeinflusst. Sie sind nur wenig mit den anderen Faktoren vernetzt.

Visualisierung im System-Grid

Die Einflüsse sind besser überschaubar, wenn man sie in einem Einflussportfolio, einem sogenannten System-Grid, mit den Achsen Aktiv- und Passivsumme darstellt. Dessen Abgrenzung richtet sich nach dem höchsten ermittelten Aktiv- bzw. Passivsummenwert.

Beeinflussende und beeinflussbare Faktoren

Faktoren, die sich wegen ihrer hohen Aktiv- und Passivsumme im rechten oberen Quadranten befinden, sind hochgradig vernetzte und darum beeinflussende und beeinflussbare Größen. Diese Schlüsselfaktoren spielen für die weiteren Überlegungen eine große Rolle und sind entsprechend zu beachten.

Einflussportfolio

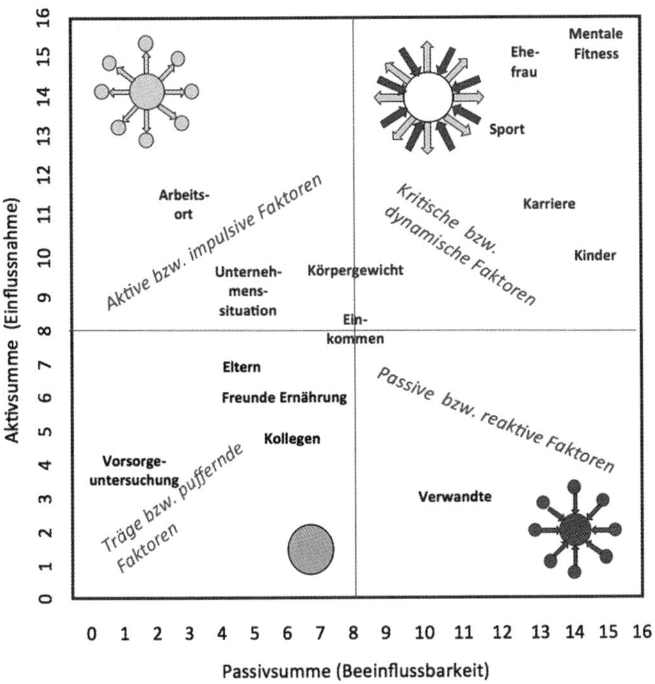

(Quelle: eigene Darstellung)

Es ist leicht, die Ergebnisse aus dem Einflussportfolio zu verfeinern, indem man den Dynamikindex dem Impulsindex gegenüberstellt. Um die Indexwerte zu ermitteln, werden

- die Aktivsummen mit den Passivsummen multipliziert (= Dynamikindex) und
- dividiert (= Impulsindex),

so wie es die folgende Tabelle veranschaulicht.

Einflussfaktor	AS × PS	Dynamikindex	AS : PS	Impulsindex
Einkommen	8 × 9	72	8 : 9	0,88
Karriere	12 × 13	156	12 : 13	0,92
Unternehmenssituation	11 × 4	44	11 : 4	2,75
Kollegen	5 × 6	30	5 : 6	0,83
Arbeitsort	11 × 3	33	11 : 3	3,66
Ehefrau	15 × 15	225	15 : 15	1,00
Kinder	10 × 14	140	10 : 14	0,71
Eltern	7 × 9	63	7 : 9	0,77
Verwandte	3 × 11	33	3 : 11	0,27
Freunde	6 × 5	30	6 : 5	1,20
Körpergewicht	9 × 8	72	9 : 8	1,13
Sport	13 × 14	182	13 : 14	0,93
Mentale Fitness	16 × 16	256	16 : 16	1,00
Ernährung	5 × 7	35	5 : 7	0,71
Vorsorgeuntersuchung	4 × 1	4	4 : 1	4,00

Die relevanten Ergebnisse favorisieren

Das Ergebnis entspricht dem Einflussportfolio. Uns interessieren die aktiv-impulsiven und die kritisch-dynamischen Faktoren. Im Falle unseres Beispiels sind das: mentale Fitness, die Ehefrau, die Karriere, Unternehmenssituation, Sport, die Kinder, das Einkommen, der Arbeitsort sowie das Körpergewicht. Das sind unsere Schlüsselfaktoren, mit denen wir jetzt weiterarbeiten. Die übrigen Einflussfaktoren können wir ab hier vernachlässigen.

Die Lehren aus den Indizes

Was lehren uns Dynamik- und Passivindex? Erstens: Der Hebel ist dort anzusetzen, wo die größte Verstärkerwirkung erzielt werden kann. Das sind normalerweise die aktiven und dynamischen Elemente mit einer deutlichen Aktivdominanz.

Und zweitens: Die passiven und puffernden Elemente werden nicht nur direkt, sondern auch indirekt über die aktiven Elemente beeinflusst, denn sie sind von allen anderen Elementen im System abhängig. Ein passiver Bereich ist nicht per se unwichtig. Passiv bedeutet nur, dass dieser Bereich mehr Einflüsse absorbiert, als er selber ausübt.

Deskriptoren oder Schlüsselfaktoren?

Wer sich in das Thema Szenariomethode einliest, wird durch unterschiedliche Begriffe irritiert. Das, was hier unter dem Begriff *Schlüsselfaktoren* beschrieben wurde, nennt die Battelle-Schule *Deskriptoren*. „Ein Deskriptor ist ein neutral formulierter Einflussfaktor, der mehrere Einflussfaktoren umfassen kann.“ (von Reibnitz, 2006, S. 80)

Der Zweck von Deskriptoren

Deskriptoren können die Schlüsselfaktoren mit Aussagen zum Istzustand konkretisieren und präzisieren. Mittels dieser Mess- und Nenngrößen können Sie analysieren, was passiert, wenn ein Einflussfaktor zu- oder abnimmt bzw. ob Sie eine Entwicklung positiv oder negativ bewerten. Es sollten zweckmäßigerweise ein quantitativer und ein qualitativer Deskriptor für jeden Faktor entwickelt werden (siehe Tabelle). Im Falle des Personenbeispiels sind es beim Arbeitsplatz je vier Deskriptoren, zwei qualitative und zwei quantitative beispielsweise bei der Familie:

- Quantitative Messgrößen sind direkt messbar und damit meist einfacher zu erheben wie zum Beispiel das monatliche oder jährliche Einkommen.
- Qualitative Nenngrößen müssen erst quantifiziert werden (wodurch sie nicht zu quantitativen werden!) und sind eher schwer zu messen, wie beispielsweise das Betriebsklima oder das Image eines Unternehmens.

Arbeitsplatz	Quantitativer Deskriptor	Qualitativer Deskriptor
Einkommen	Jahresgehalt (100 000 Euro)	Akzeptanz der Höhe im Vergleich zu den Kollegen
Karriere	Prokura wurde erteilt	Status und Ansehen innerhalb des Unternehmens
Unternehmens-situation	Gewinn (ROI): 50 Millionen Euro	Betriebsklima
Arbeitsstandort	Gut zu erreichen. 5 km vom Wohnort entfernt.	modern eingerichtetes Gebäude mit Kantine, ansprechender Architektur u. Ä.

Familie	Quantitativer Deskriptor	Qualitativer Deskriptor
Ehefrau	nicht berufstätig; Zeit für die Familie	Harmonie in der Partnerschaft
Kinder (8 und 10 Jahre)	gute Schulnoten (Durchschnitt 2)	Reifungsprozess

Gesundheit	Quantitativer Deskriptor	Qualitativer Deskriptor
Körpergewicht	gegenwärtig 95 kg	Eigenakzeptanz des persönlichen Erscheinungsbildes
Sport	Blutdruck 140:85	körperliches Wohlbefinden
Mentale Fitness	Schach spielen (ELO-Zahl 1750)	innere Gelassenheit

Auch die Paderborner Schule arbeitet mit solchen Präzisierungen. Dazu nutzt sie sogenannte skalierte Projektionsportfolios:

Projektionsportfolio

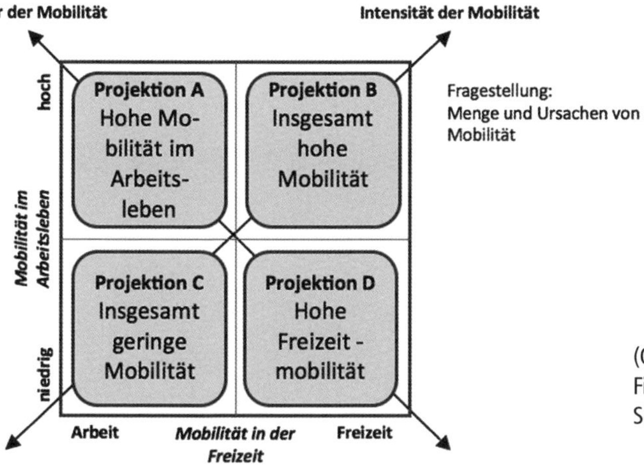

(Quelle: Fink et al. ScMI-Seminarunterlage)

4. Schritt: Die Trendprojektionen

Zunächst wird der gegenwärtige Zustand eines jeden Einfluss- bzw. Schlüsselfaktors erfasst und skizziert. Das sollte mit großer Sorgfalt geschehen, da Fehler und Lücken der Istanalyse der Grund für Differenzen in der Einschätzung zukünftiger Entwicklungen sind.

Biografie der Deskriptoren

Versuchen Sie jetzt die Biografie der Schlüsselfaktoren oder der Deskriptoren zu beschreiben:

- Wie hat sich der Faktor/Deskriptor in der Vergangenheit entwickelt?
- Wo befindet er sich heute?
- Welche Zukunftstrends zeichnen sich bereits ab?
- Steigt oder fällt der Deskriptor (empirische Frage)?
- Ist diese Entwicklung positiv oder negativ zu bewerten (normative Frage)?

Ermittlung und Ausformulierung von Trendprojektionen

Nun wagen Sie erste Trendprojektionen für alle Schlüsselfaktoren, optimistische, pessimistische oder wahrscheinliche.

Das kann streng analytisch auf der Basis messbarer Aspekte geschehen. Bei Themen wie Studentenzahl- oder Einkommensentwicklung bietet sich diese Vorgehensweise geradezu an. Ist die Entwicklung eines Einflussfaktors bekannt, kann sie in die Zukunft extrapoliert werden, wie das beispielsweise bei der Entwicklung der Weltbevölkerung und anderen statistisch erfassten Daten geschieht. Schlüsselfaktoren wie Zeitgeist oder Betriebsklima werden eher qualitativ oder auch narrativ beschrieben. In dieser Phase dürfen es mehr als drei Trendprojektionen sein, aber Vorsicht vor einer möglichen Verkomplizierung infolge von Systemkomplexität.

Den Szenariotrichter aufspannen

Jetzt sollten zu allen Schlüsselfaktoren Projektionen vorliegen. Der Szenariotrichter wird nun aufgespannt. Die aufgeführten Einfluss- bzw. Schlüsselfaktoren werden jetzt hinsichtlich ihrer Entwicklung untersucht. Wie bereits erwähnt, wird für jeden Einflussfaktor ein eigener Zukunftstrichter sinnbildlich ausgespreizt. Aus Gründen der Praktikabilität sollten Sie sich auf drei, maximal vier Möglichkeitsverläufe pro Einflussfaktor beschränken.

Projektionen begründen und bezeichnen

Geben Sie jeder Projektion zunächst eine Kurzbezeichnung, so wie im nachfolgenden Beispiel. Zugleich sollte zu jeder Trendaussage eine Begründung gegeben werden. Falls hierzu Informationsbedarf entsteht, ist dieser durch entsprechende Literatur oder Konsultierung von Experten zu decken.

Von stimulierten Trendprojektionen

Wenn Sie wollen, können Sie noch nach den Zeithorizonten kurz-, mittel- und langfristig unterscheiden. Ihr Ergebnis müsste der zweiten Abbildung auf S. 148 entsprechen, jedoch nicht in Bild-, sondern in Schriftform. Sie dürfen Ihre Trendprojektionen auch gern stimulieren, indem Sie Merkmale überzeichnen, Entwicklungen gedanklich beschleunigen oder das weitere Umfeld in Ihre Überlegungen einbeziehen.

Arbeitsplatz	Positivprojektion	Negativprojektion	Trendprojektion
Einkommen	125 000 Euro	75 000 Euro	100 000 Euro
Deskriptoren: Jahresgehalt 100 000 Euro Akzeptanz der Höhe im Vergleich zu den Kollegen	Die Gehaltsentwicklung verläuft dank guter Umsatzentwicklung weiterhin so kontinuierlich aufwärts wie in der Vergangenheit. Schätzung: 125 000 Euro in drei Jahren (faire Gehaltshöhe)	Die Globalisierung wirkt negativ auf das Geschäft, sodass der Anteil der Tantiemen niedriger ausfällt. Schätzung: 75 000 Euro in drei Jahren Folge: Einschränkung in der Lebensführung	Das Managementteam im Unternehmen wird sich verjüngen. Eine Reihe wichtiger Positionen sind neu zu besetzen. Daher wird sich die Gehaltshöhe auch weiterhin bei etwa 100 000 Euro bewegen.
Karriere	Nachfolger Bereichsleiter	Managementabbau	Führungsposition
Deskriptoren: Prokura Status und Ansehen innerhalb des Unternehmens	Aufgrund des Alters des Bereichsleiters wird dessen Stelle in den nächsten Jahren vakant und muss laut Betriebsvereinbarung unternehmensintern besetzt werden.	Infolge von Umorganisationen und eventueller Fusion wird der Bereich in der alten Form nicht beibehalten. Die Stelle des Bereichsleiters wird nicht mehr besetzt. Das Management wird „ausgedünnt".	Nachfolgeprobleme im eigenen Bereich und die notwendige Managementverjüngung garantieren auch weiterhin eine Führungsposition im Unternehmen.
Unternehmenssituation Deskriptoren: Gewinn (ROI): 50 Millionen Euro Betriebsklima	Strategische Kunden Akquirierte Unternehmen wurden als Kunden gewonnen und garantieren als strategische Partner stabile Geschäftsbeziehungen. Zufriedene Mitarbeiter	Marktanteilsverluste Konkurrenten konnten erhebliche Marktanteile „erobern", die als Umsatzlücke zum Problem geworden sind. Es kommt zum starken Personalabbau auch in der eigenen Abteilung. Unruhe im Unternehmen	Neustrukturierung Mit attraktiven Produktinnovationen und Serviceangeboten in Verbindung mit einer umfassenden Umstrukturierung gelingt es, das Unternehmen neu zu positionieren.

Arbeitsplatz	**Positivprojektion**	**Negativprojektion**	**Trendprojektion**
Unternehmens-standort	Bisheriger Standort Das Unternehmen behält seine Unabhängigkeit und verbleibt am bisherigen Standort.	Standortwechsel Das Unternehmen fusioniert oder wird gekauft. Folge: Standortwechsel	Teilverlegung Der Hauptsitz verbleibt am alten Standort, aber Teile der Produktion werden verlagert.
Familie	**Positivprojektion**	**Negativprojektion**	**Trendprojektion**
Ehefrau Deskriptoren: Ehelicher Vollzug Harmonie in der Partnerschaft	Ehevollzug Regelmäßiger und erfüllter Ehevollzug noch in den nächsten fünf Jahren Normale eheliche Kleinkonflikte	Seitensprünge Kaum noch Ehevollzug. Interesse an Partnerwechsel Häufung von Ehestreitigkeiten	Eheliches Alltagsleben Altersbedingtes eheliches Zusammenleben Unerotische, aber gute Partnerschaft
Kinder (8 und 10 Jahre) Deskriptoren: Schulnoten Reifungsprozess	Bessere Schulleistungen Die Kinder können ihre schulischen Leistungen steigern und auf das Gymnasium wechseln. Gutes Familienleben ohne große Erziehungsprobleme.	Schlechtere Schulnoten Der Sohn bleibt faul und macht eine „Hauptschulkarriere". Die Tochter neigt zur Hysterie. Erziehungsprobleme	Gleichbleibende Noten Beide Kinder werden mit unterschiedlichem Leistungsniveau auf der Mittelschule landen.
Gesundheit	**Positivprojektion**	**Negativprojektion**	**Trendprojektion**
Körpergewicht Deskriptoren: Gewicht 95 kg Eigenakzeptanz des persönlichen Erscheinungsbildes	85 kg Es gelingt, das Gewicht durch fettärmere Kost und größere Selbstdisziplin auf 85 kg zu senken. Freude, dass manche Hosen wieder passen.	105 kg Fettreiches Essen, Alkohol und Süßigkeiten: Es bleibt bei 105 kg. Unzufriedenheit wegen des Erscheinungsbildes.	90 kg Arbeitsessen und Geselligkeitstrinken durchkreuzen immer wieder die guten Vorsätze. 90 kg sind realistisch.

Gesundheit	Positivprojektion	Negativprojektion	Trendprojektion
Sport, Bewegung	Blutdruck 120:80	Blutdruck 160:95	
Deskriptoren: Blutdruck 140:85	Dank Sport im Verein und mit der Ehefrau gute Fitness	Infolge beruflicher Beanspruchung bleibt kaum Zeit für Bewegung und Sport. Die Anstrengung des Jobs führt zum vermehrten Herzschlag und zur Kurzatmigkeit.	
Mentale Fitness	eine Positivprojektion	eine Positivprojektion	Gelassenheit
Deskriptoren: Schachspielen (ELO-Zahl 1750)	Dieses sind untypische Faktoren		Vom Grundtyp her ruhig und gelassen bei guter Gedächtnis- und Lernfähigkeit

Drei Grundformen von Projektionen

Bestenfalls liegen nun diese Trendprojektionen für jeden Einfluss- bzw. Schlüsselfaktor vor:

- **Eine *positive* Extremprojektion:** Sie beschreibt die bestmögliche Zukunftsentwicklung (Best-Case-Szenario).
- **Eine *negative* Extremsprojektion:** Sie bezeichnet den schlechtestmöglichen Entwicklungsverlauf (Worst-Case-Szenario). Die Extremprojektionen eignen sich besonders für die Zukunftssuche einer Organisation, obwohl die Eintrittswahrscheinlichkeit eher fraglich ist.

Extremprojektionen

Extremprojektionen grenzen mehr den Rahmen der Möglichkeiten ab. Mit ihnen wird in überzeichneter Form auf potenzielle Entwicklungen aufmerksam gemacht. „Extrem" steht für überbetont bzw. dramatisiert. Extremprojektionen sind weit außen am Zukunftshorizont positioniert, aber noch innerhalb des Trichters, da man sie als theoretische Möglichkeit akzeptieren muss.

Trendprojektionen

Es kann sein, dass die Entwicklung so klar in eine Richtung weist, dass sich das Nachdenken über eine andere Richtung erübrigt, da die Schlüsselfaktoren eindeutig positiv oder negativ sind. Es handelt sich also um plausible Zukunftsbilder, solche mit einer gewissen Eintrittswahrscheinlichkeit. Eine *Trendprojektion* beinhaltet also die Fortschreibung der heutigen Situation oder eine eindeutig erkennbare Zukunft. Ein starker Gegenwartsbezug ist erkennbar. Darum befindet es sich in der Mitte des Szenarientrichters. Trendprojektionen eignen sich, um Entscheidungen herbeizuführen. Sie werden eher akzeptiert als Extremprojektionen.

Für und Wider von Trendprojektionen

Manche Autoren, darunter Ute von Reibnitz, sprechen sich gegen Trendprojektionen aus, da diese dazu verführen, alles so zu belassen, wie es ist. Andere propagieren Trendszenarien, da Extremprojektionen zwar mögliche, aber doch höchst unwahrscheinliche Entwicklungen abbilden. Trendprojektionen dagegen zwingen dazu, realitätsnahe und wahrscheinliche Entwicklungen zu skizzieren.

Die Klassifizierung der Zukunftsprojektionen

Anschließend selektieren Sie Ihre Zukunftsprojektionen in

- kritische und
- unkritische

Schlüsselfaktoren.

Von kritischen und unkritischen Faktoren

Wenn die Analyse eines Einflussfaktors nur *eine* Zukunftsprojektion erbringt, einen zielstrebigen und abschätzbaren Verlauf hat, spricht man von einem unkritischen Faktor. Das ist im obigen Beispiel die mentale Fitness. Ergeben sich aus der Untersuchung *mehrere* Projektionen mit schwer einschätzbarer Wechselwirkung, liegt ein kritischer Einfluss- bzw. Schlüsselfaktor vor. In der Praxis überwiegen die kritischen Projektionen.

Plausibilität und Entwicklungsmöglichkeiten

Für die weiteren Überlegungen sollten jene Trendprojektionen gewählt werden, welche die höchste Plausibilität bzw. Eintrittswahrscheinlichkeit aufweisen. Bei den Extremszenarien werden die Projektionen so ausgewählt, dass sie die Bandbreite aller Entwicklungsmöglichkeiten weitestgehend abbilden.

Unkritische und kritische Schlüsselfaktoren

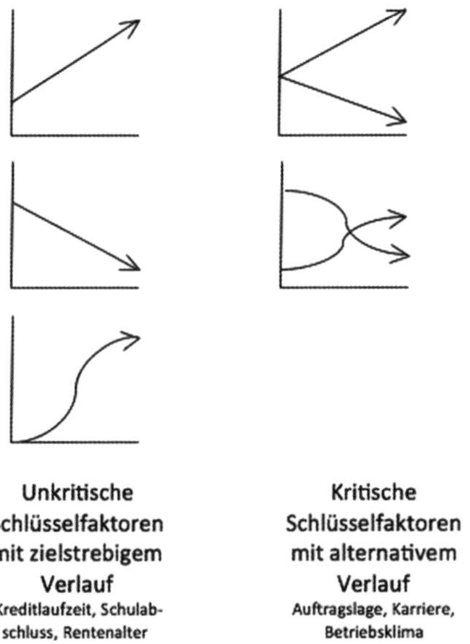

(Quelle: eigene Darstellung nach von Reibnitz, 1998, S. 48)

Die Bestimmung von Eintrittswahrscheinlichkeiten

Es kann sinnvoll sein, die Eintrittswahrscheinlichkeiten von Projektionen zu bestimmen, zumindest in Form von Zeitkorridoren. Bei Extremszenarien ist es schwer, die Eintrittswahrscheinlichkeit zu bestimmen.

Bei Eintrittswahrscheinlichkeiten ist zwischen Prognosen, Vorhersagen und Projektionen zu unterscheiden (Fink et al., 2002, S. 82):

- Eine Prognose basiert auf einer hohen Wahrscheinlichkeit, da sie die Gegenwart fortschreibt.
- Eine Vorhersage basiert auf einer gewissen subjektiven Wahrscheinlichkeit.
- Die Projektion ist mit vielen Unsicherheiten behaftet. Darum kann man ihre Eintrittswahrscheinlichkeit nicht bestimmen.

Qualitätskontrolle: Die Anforderungen an Trendprojektionen

Ein kritischer Blick auf Ihre Projektionen gibt Ihnen Qualitätsgewissheit. Sind diese Kriterien erfüllt?

- **Widerspruchsfreiheit:** Die einzelnen Entwicklungen dürfen sich innerhalb eines Projektionsszenarios (Trichters) nicht aufheben.
- **Wahrscheinlichkeit bzw. Realitätsgehalt:** Die Zukunftsprojektionen sollten so entwickelt werden, dass sie eine Grundlage für die spätere Erarbeitung von Szenarien darstellen.
- **Stabilität:** Jede Projektion sollte möglichst robust sein, das heißt, nicht bei kleineren Veränderungen zusammenbrechen.
- **Unterschiedlichkeit:** Zwischen Projektionen sollte ein möglichst großer Unterschied bestehen. Damit wird vermieden, dass eine zweite oder dritte Projektion nur eine Verschärfung oder Abschwächung der ersten Projektion darstellt.
- **Informationsgehalt:** Zukunftsprojektionen sollten fundiert sein. Dazu sind Zahlen, Daten und Fakten heranzuziehen. Nur so sind sie begründbar.

Von Entscheidungsalternativen

Ihre Projektionen sind dann gelungen, wenn Sie die Eintrittswahrscheinlichkeit für die Best-Case-Projektionen gleich hoch einschätzen wie für die Worst-Case-Projektionen. So wird deutlich, dass es tatsächlich politische Optionen, also Entscheidungsalternativen, gibt.

Ein Störereignis kann alles ändern

Erwähnt werden sollte noch, dass ein Störereignis zu jeder Zeit alles ändern kann. Da man diese Ereignisse weder vorhersagen noch ihre Konsequenzen überblicken kann, können theoretische Reflexionen über etwaige Störereignisse einem zumindest dabei helfen, sich mental auf solche Situationen einzustellen, indem man sich beispielsweise fragt: Was passiert, wenn das Unternehmen Insolvenz beantragt? Wenn ein Kind eine Klasse wiederholen muss? Wenn man selbst wegen einer Krankheit möglicherweise berufsunfähig wird? Es steht Ihnen frei, eine Störereignisanalyse durchzuführen.

5. Schritt: Die Projektions- bzw. Alternativbündelungen

Das vorstehende Arbeitsbeispiel (siehe 2. Schritt) besteht aus drei Einflussbereichen mit insgesamt neun Schlüsselfaktoren. Diese wurden mit Inhalt, das heißt mit möglichen Entwicklungsverläufen gefüllt. Sie stehen zunächst unverbunden nebeneinander. Wurden zu jedem dieser Schlüsselfaktoren je drei Projektionen entwickelt, dann ergibt dieses 9×3, also 27 Projektionen, die in die Zukunftsbetrachtung unserer Beispielsperson einfließen. Alle Projektionen wirken aufeinander, vielleicht verstärkend, eventuell abschwächend oder gar neutralisierend. Welche davon sind zukunftsprägend? Welche kann man ignorieren? Um das festzustellen, werden relevante Trendprojektionen kombiniert. Das Ergebnis nennt sich Projektions- oder auch Alternativbündelung.

Von Trendprojektionen zu Projektionsbündeln

Die obige Abbildung auf S. 148 zeigt, wie man sich das vorstellen kann. Hier fließen die Trendprojektionen aus einem Faktorentrichter in ein Zukunftsbild. Da aber drei Schlüsselfaktoren vorliegen, fließen die Trendprojektionen aus allen drei Faktorentrichtern in ein Faktorenbündel, sodass sich drei oder mehr Projektionsbündel ergeben.

Bündelung einer Tendprojektion

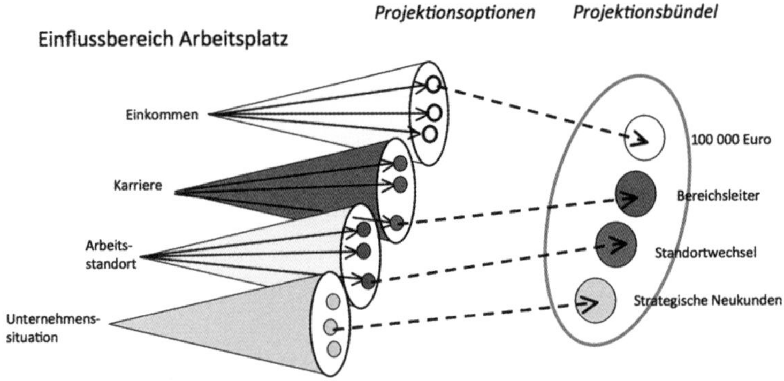

(Quelle:
eigene Darstellung)

Bündelung aller Tendprojektionen

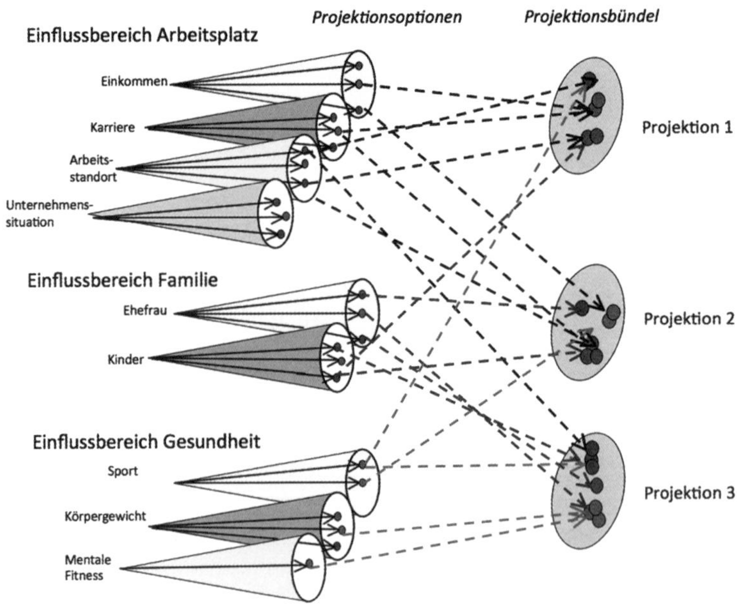

(Quelle:
eigene Darstellung)

Die intuitiv-deduktive Bündelung

Eine solche Projektionsbündelung erfolgt in der Regel intuitiv auf der Basis vorliegender Erfahrungen der beteiligten Personen. Bestimmte Kombinationen von Projektionen werden als zukunftswirksam festgestellt und der weiteren Planung zugrunde gelegt. Denkbar ist auch, von einer Zukunftsvision ausgehend Zukunftsbilder um diese herum zu konstruieren. Etwa so gehen die meisten Anwender, Strategieentwickler und Zukunftsforscher vor. Man nennt diese Vorgehensweise „deduktive Projektionsbündelung“ (deduktiv = vom Allgemeinen zum Besonderen).

Beispiel: Einflussbereich Arbeitsplatz

Dieses Vorgehen würde sich in unserem Beispiel anbieten. Denkbar wäre, dass die Perspektive im Einflussbereich Arbeitsplatz im Großen und Ganzen gut aussieht. Demnach bewegt sich das Gehalt weiterhin in zufriedenstellender Höhe. Eine Herabstufung in der Position ist wenig wahrscheinlich. Den neuen Herausforderungen des Marktes wird man mit einer umfassenden Neustrukturierung und innovativen Angeboten begegnen. Ausgehend von einer Zukunftsvision werden Zukunftsbilder entworfen.

Beispiel: Einflussbereich Familie

Im Einflussbereich Familie zeichnet sich eine gute Partnerschaft ab. Nach 15 Ehejahren hat sich die Beziehung „eingeschliffen“. Mit den Kindern läuft es nicht ganz so wie gedacht. Die Leistungen in der Schule werden eher schlechter als besser. Wenn man noch die Trendprojektionen aus dem Einflussbereich Gesundheit hinzunimmt und die verstärkende, abschwächende oder neutralisierende Wirkung aller Trendprojektionen analysiert, ergibt sich ein relativ klares und positives Zukunftsbild. Am Ende erfolgt eine kritische Prüfung mit dieser Fragestellung: „Ist dieses Szenario in sich stimmig oder gibt es signifikante Widersprüche?“

Die jetzt vorliegenden Projektionsbündel sind die Ausgangsszenarien, die in das Endszenario bzw. das Zukunftsgesamtbild einfließen. Manche Autoren sprechen auch von „Präszenarien“. Zur Analyse bzw. in den Bewertungsprozess können mehrere Personen unabhängig voneinander einbezogen werden.

Die analytisch-induktive Bündelung mit der Konsistenzanalyse

Dem Beispielszenario liegen nur drei Einflussbereiche zugrunde, die mit wenigen Trendszenarien beschrieben wurden. Was ist aber, wenn die Anzahl der Schlüsselfaktoren steigt und damit die Anzahl der Kombinationsmöglichkeiten? Was ist, wenn analytisch präzise, weitgehend objektivierte Ergebnisse erwartet werden? Bei der deduktiven Vorgehensweise wird selten der ganze Zukunftsraum dargestellt. Oft fließen nur plausible Kombinationen in die Zukunftsbilder ein. Vielen Anwendern fehlt die szenarioanalytische Erfahrung. Sie lassen sich von vorgefassten Wunschbildern verführen. Das führt zu falschen Schlussfolgerungen. Da ein Szenario ein in sich konsistentes Bild der Zukunft ist, muss zunächst überprüft werden, inwieweit sich die einzelnen Zukunftsprojektionen gegenseitig unterstützen oder einander widersprechen.

Der Zweck der Konsistenzmatrix

Um das festzustellen, greifen die in die Mathematik verliebten „Szenarioexperten“ gern zum Instrument der Konsistenzmatrix. Mit ihr werden die Projektionen rechnerisch auf ihre Kombinationsmöglichkeit, Konsistenz, ihre Stabilität und Unterschiedlichkeit hin untersucht. Man spricht vom induktiven Vorgehen (induktiv = vom Besonderen zum Allgemeinen).

Das Zusammenwirken ist entscheidend

Wie bei einer Mannschaftssportart, wo es nicht auf den Einzelnen, sondern auf das Zusammenwirken ankommt, interessiert auch bei der Konsistenzmatrix, ob die Trendprojektionen zusammenpassen. Im Falle unseres Beispiels wäre es undenkbar, dass eine wesentliche Gehaltserhöhung trotz eines Karriereknicks gewährt würde. Dieses Ausprägungspaar hat also eine geringe oder keine Konsistenz.

Verträglichkeit der Konsistenzen

Zumeist sind die Ausprägungen der verschiedenen kritischen Deskriptoren nicht miteinander verträglich. Aus diesem Grunde ist zu ermitteln, welche der Ausprägungen sich gegenseitig ausschließen, begünstigen und welche neutral zueinander sind. Die Fragen lauten: Wie verträgt sich die erste Projektion mit der zweiten? Passt sie zur dritten? Wie konsistent sind die dritte und die vierte. Und so weiter. Hierzu steht eine Skala mit diesen fünf Abstufungen zur Verfügung: 1 = totale Inkonsistenz; 2 = partielle Inkonsistenz; 3 = neutral oder voneinander unabhängig; 4 = gegenseitiges Begünstigen; 5 = starke gegenseitige Unterstützung.

Bewerten der Konsistenzen

Nun benötigen Sie eine Matrix. In dieser Matrix wird jedem einzelnen Ausprägungspaar je nach Verträglichkeit eine Konsistenzzahl zugeordnet. Alle Ausprägungspaare mit dem Wert 1 (totale Inkonsistenz) können aus der weiteren Analyse ausgeschlossen werden. Am interessanten sind die mit 4 oder 5 bewerteten Konsistenzen. Sie erkennen an der Ziffer 5, dass ein Gehalt von 125 000 Euro und die Position des Bereichsleiters konsistent sind. Auch sieht man sofort, dass ein Standortwechsel mit einer Neustrukturierung des Unternehmens einhergeht. Das gilt umgekehrt für das Verhältnis von Marktanteilsverlusten und neuer Position (Ziffer 1).

Konsistenzwerte ermitteln

Im nächsten Schritt ermitteln Sie den Konsistenzwert eines jeden Projektionsbündels. Zur Erinnerung: Ein Projektionsbündel besteht aus den Schlüsselfaktoren eines Einflussbereiches bzw. Faktorentrichters. Ein Projektionsbündel weist so viele Projektionen auf, wie Schlüsselfaktoren existieren. Der Konsistenzwert ist die Summe alle Paare in einem Bündel, im Falle des Bündels Karriere 34. Das Bündel besteht aus neun

Feldern. Sie rechnen 34 dividiert durch 9 und kommen so auf einen durchschnittlichen Konsistenzwert von 3,77.

Konsistenzwerte bewerten

Die Gesamtheit der Konsistenzwerte aus allen Bündeln wird in eine Rangfolge gebracht. An der Spitze steht das Projektionsbündel mit dem höchsten Konsistenzwert. Ein Bündel mit vielen Projektionspaaren, die sich gegenseitig unterstützen, ist zukunftswahrscheinlicher als eines mit wenigen solcher Paare. Der Konsistenzwert eines Projektbündels ist also ein Maß für die Eintrittswahrscheinlichkeit der im Bündel enthaltenen Projektionen.

Beurteilen der Projektionsbündel

Nachdem die einzelnen Projektionspaare bewertet wurden, sind nun alle möglichen Projektionsbündel hinsichtlich ihrer Verträglichkeit zu beurteilen. Dem mathematisch sensiblen Leser stellt sich spätestens an dieser Stelle die Frage nach der rechnerischen Machbarkeit. Schon mit einer relativ geringen Anzahl von Schlüsselfaktoren ergeben sich unendlich viele Kombinationen. Bei neun Schlüsselfaktoren und je drei Projektionen wären das 3^9, also 19 683 Kombinationen. Ohne Rechnerunterstützung mit geeigneter Software kommen Sie hier nicht weiter.

Softwares sind kein Garant für schlüssige Zukunftsbilder

Trotz Softwareunterstützung sollte man nicht vergessen, dass eine noch so gut errechnete Konsistenz kein Garant für schlüssige Zukunftsbilder ist. In jedwede Art von Bewertung fließen Bauchgefühl, Annahmen und Wünsche ein, sie sind also hochgradig subjektiv. Der im Siemens-Sold stehende Zukunftsforscher Ulf Pillkahn meint: „Die exakte Auswertung von ungenauen Eingangsgrößen wird so schnell zu einer rein akademischen Übung – Quantifizieren von Bauchgefühl. Aus Erfahrung kann man sagen, dass Szenarien mit weniger Elementen, die aber durchdrungen, durchdacht und diskutiert werden können, bessere Ergebnisse liefern als von einer Software berechnete Szenarien, die jedoch nicht nachvollziehbar sind.“ (Pillkahn, 2007, S. 211)

Beispiel einer Konsistenzanalyse (Beispiel Arbeitsplatz)

Fragestellung: Wie stark verträgt sich die Zukunftsprojektion unten mit rechts nebenstehender? 1 = totale Inkonsistenz 2 = partielle Inkonsistenz 3 = neutral oder voneinander unabhängig 4 = gegenseitiges Begünstigen 5 = starke gegenseitige Unterstützung			125 000 Euro	75000 Euro	100 000 Euro	Bereichsleiter	Managementabbau	Neue Position	Strategische Neukunden	Marktanteilsverluste	Neustrukturierung	Bisheriger Standort	Standortwechsel	Teilverlegung
Schlüsselfaktoren Arbeitsplatz	Einkommen	125 000 Euro												
		75 000 Euro												
		100 000 Euro												
	Karriere	Bereichsleiter	5	2	4									
		Managementabbau	2	5	5									
		Neue Position	5	2	4									
	Unternehmenssituation	Strategische Neukunden	4	2	4	4	2	4						
		Marktanteilsverluste	1	5	4	2	4	1						
		Neustrukturierung	4	4	5	3	4	5						
	Arbeitsstandort	Bisheriger Standort	3	4	4	4	2	4	3	2	4			
		Standortwechsel	5	2	4	4	3	4	3	3	5			
		Teilverlegung	4	2	4	4	1	4	4	2	5			

Die morphologische Analyse als Hilfsmittel

Wesentlich einfacher geht es mit der morphologischen Analyse. Morphologie ist einerseits die Lehre von den Gebilden bzw. Formen einer Sache und andererseits die Lehre vom geordneten Denken. Beide Definitionen sind richtig und stehen gleichberechtigt nebeneinander. Ziel dieses mehrdimensionalen Klassifikationsverfahrens ist es, ein Produkt oder Problem auf analytischem Weg in seine Einzelteile zu zerlegen, um es anschließend systematisch zu kombinieren bzw. zu variieren.

Die morphologische Matrix

Häufig trifft man auf die Bezeichnung „Morphologischer Kasten“ für die morphologische Analyse und den Vergleich mit dem Rubikwürfel. Die dreidimensionale Form eines Kastens schränkt aber die Anzahl der Grundelemente auf 3 und dementsprechend die möglichen Kombinationen ein. Wenn Sie stattdessen eine Matrix nutzen, ergeben sich mehr Variationen. Eine morphologische Matrix mit nur sechs Parametern und jeweils zehn Ausprägungen enthält eine Million denkbarer Lösungen!

Projektionen kombinieren

Die Methode ist denkbar einfach. Sie zeichnen die gegenüber abgebildete Matrix. In die linke Spalte kommen die Schlüsselfaktoren. Rechts daneben befinden sich die die jeweiligen Projektionen. Nun kombinieren Sie die Projektionen mit Linienführung zu einem oder mehreren Projektionsbündeln. Es werden die Projektionen verbunden, die sich nicht widersprechen und vom Gefühl her zusammenpassen. Natürlich kann der morphologische Kasten auch zum Zwecke der Projektionsbündelung eingesetzt werden, so wie oben beschrieben.

Szenarienbildung im Projektteam

Zumeist erfolgt die Szenarienbildung im Projekt und damit als Gruppenprozess. Die Frage der Verträglichkeit von Ausprägungen wird also diskutiert. Nur selten entsteht dabei ein vollständiger Konsens. Aber die Diskussion bewirkt eine inhaltliche Klärung und Anreicherung der Szenarien.

6. Schritt: Die Szenarienbildung (Zukunftsbilder)

Jetzt folgt der entscheidende Schritt: Sie entwerfen unter Berücksichtigung der Positiv- und Negativprojektion Ihr Zukunftsszenario. Die Leitfrage lautet: „Welche der vorliegenden Zukunftsprojektionen lassen sich nun zu einem oder mehreren begründbaren, stichhaltigen und nachvollziehbaren Gesamtbildern zusammenfassen?“ Im Prinzip ist ein Szenario eine in sich konsistente Kombination von einzelnen Zukunftsprojektionen, die gut zusammenpassen.

Schlüsselfaktor	Positivprojektion	Negativprojektion	Trendprojektion	Weitere Projektionen	
Einkommen	125 000 Euro	75 000 Euro	100 000 Euro	a	b
Karriere	Nachfolger Bereichsleiter	Lean Management	Führungsposition im Unternehmen	c	d
Unternehmenssituation	strategische Kunden	Marktanteilsverluste	Neustrukturierung	e	f
Standort	bisheriger Standort	Standortwechsel	Teilverlegung	g	h
Ehefrau	Ehevollzug	Seitensprünge	Ehealltag	i	j
Kinder	gute Noten	schlechte Noten	mittlere Noten	k	l
Körpergewicht	85 kg	105 kg	90 kg	m	n
Mentale Fitness			Gelassenheit	o	p
Sport	Blutdruck 120:80	Blutdruck 160:95		q	r

Pro und Kontra eines Trendszenarios

Wie viele Szenarien sollen Sie entwickeln? Ute von Reibnitz lehnt sich an die Erfahrungen des Shell-Konzerns an, der aufgrund eigener Erfahrungen mit nur zwei Szenarien arbeitet. Andere arbeiten mit drei, wobei das dritte oft nur eine Fortschreibung der Gegenwart ist. Von Reibnitz spricht sich gegen ein Trendszenario aus, weil es ebenso wie die Extremszenarien viele Unsicherheiten enthält.

Das optimistische und das pessimistische Projektionsszenario enthalten kritische Deskriptoren. So war in unserem Beispiel die „mentale Fitness" als unkritischer Faktor genannt worden. Diese Faktoren bleiben bei der Konsistenzanalyse außen vor und werden erst jetzt als feste Größe in die Analyse eingebracht. Anschließend ist Ihr Zukunftsbild komplett.

Qualitätsprüfung

Nochmals die Hinweise zur Qualitätsprüfung:

- Die Szenarien müssen größtmöglich stimmig, konsistent und widerspruchsfrei sein. Entwicklungen innerhalb eines Szenarios dürfen sich nicht gegenseitig aufheben.
- Jedes Szenario sollte größtmögliche Stabilität besitzen und nicht bei kleineren Erschütterungen zusammenbrechen.
- Zwischen den letztendlich ausgewählten Szenarien sollte ein möglichst großer Unterschied bestehen. Im Falle der beiden Extremszenarien sollte man möglichst an die Ränder des Trichters herankommen.

Verschiedene Möglichkeiten der Darstellung von Zukunftsbildern

Als Ergebnis müssen Zukunftsbilder herauskommen, an denen Sie sich orientieren können. Das geschieht nicht bildlich, dafür würde die Trichterfläche gar nicht reichen, sondern in ausführlicher Textform oder unter Zuhilfenahme einer geeigneten Software wie zum Beispiel „Szenario. Plus“ oder „INKA 3“. Es gibt narrativ-literarische Szenariobilder, „trockene“ Sachberichte oder auch hoch aufgetürmte Zahlenberge.

Zur besseren Charakterisierung können Sie Ihre Extremszenarien mit Titeln versehen, zum Beispiel:

- Progressive und konservative Projektion
- Ökologie- und Ökonomieprojektion
- Harmonie- und Disharmonieprojektion
- Optimistische und pessimistische Projektion
- Kontinuitäts- und Diskontinuitätsprojektion
- Angstast und Hoffnungsast

7. Schritt: Die Umsetzung

Auf der Basis der in Schritt 5 ausgewählten Szenarien leiten Sie Chancen und Risiken ab, formulieren Ihren Plan und beschließen entsprechende Maßnahmen/Aktivitäten. Die Aktivitäten sind so auszurichten, dass Chancen so früh wie möglich genutzt, die Risiken dagegen gemindert werden. Das kann sehr anspruchsvoll mittels der Balanced-Scorecard-

Technik oder einfacher mit To-do-Listen geschehen. Achten Sie darauf, dass diese nicht aus Allgemeinplätzen wie zum Beispiel „Marketing", „Strategie", „Mehr Budget" etc. bestehen, sondern konkrete, detaillierte Schritte aufzeigen.

Vielfältige Interpretationsmöglichkeiten

Sie haben jetzt Ihre mögliche Zukunft abgebildet. Es ist aber denkbar, dass eine andere Gruppe von Menschen den gleichen Gegenstand anders abbildet. In die Konstruktion von Einflussbereichen, Schlüsselfaktoren und Deskriptoren und die daraus entwickelten Szenarien fließen Fakten, Erkenntnisinteressen, Wertvorstellungen, Erwartungen und Befürchtungen von Menschen ein, die alle ihre eigene Sicht der Dinge haben. Darum wird es auch immer höchst unterschiedliche Szenarien, das heißt Sichtweisen und Bewertungen einzelner Entwicklungstrends geben. Das kennen Sie aus der Politik. Die CDU sieht die Dinge anders als die SPD und umgekehrt genauso. Dennoch, die Szenariomethode hilft durch ihre strukturierte Vorgehensweise, durch ihre formale Struktur dabei, dass Zukunftsdiskussionen zielgerichtet und ergebnisorientiert verlaufen. Sie ist somit ein strategisches wie auch ein kommunikatives Instrument der Entscheidungsfindung, besonders dort, wo Betroffene zu Beteiligten gemacht werden sollen, kurz: für alle Formen konsensorientierter Willensbildung und Entscheidungsfindung.

Als achten und letzten Schritt bringen Sie die Wahrscheinlichkeitsaussagen in eine zusammengefasste Gesamtschau und leiten daraus Ihre Planungen ab.

2.5 Vor- und Nachteile der Szenariomethode

Der wichtigste Einwand betrifft den mit der Szenariomethode verbundenen personellen und finanziellen Aufwand. Hier ist die Frage nach der Wirtschaftlichkeit zu stellen. Trotz des hohen Aufwandes liefert sie keine verlässlichen Zukunftsaussagen, sondern bietet verschiedene mögliche Szenarien. Man bedenke, dass jeder betrachtete Schlüsselfaktor die Anzahl der Rohszenarien vervielfacht.

Die Möglichkeit von Fehlern und Störereignissen

Je nach wissenschaftlichem Anspruch können für die Szenarien nicht einmal konkrete Wahrscheinlichkeiten angegeben werden. Auch die notwendige Reduktion der Komplexität kann ebenso zu Fehlern führen wie der Einfluss subjektiver Sichtweisen bzw. Wertungen. Extremereignisse bzw. Störereignisse (Wild Cards) oder sehr unwahrscheinliche Ereignisse (z. B. die Entgleisung der Erde aus ihrem kosmischen Gleis) lassen sich in der Analyse schwer berücksichtigen. Bei der Analyse sehr langer Zeiträume ist es nicht unwahrscheinlich, dass unerwartete Störereignisse eintreten.

Qualifikationserfordernis

Die stark zahlenbasierte Ausrichtung mancher szenarioanalytischer Vorgehensmodelle schränkt die Nutzung der Szenariomethode durch mathematisch ungeschulte Anwender erheblich ein. Selbst die vorhandene Qualifikation bleibt nutzlos, wenn es an der notwendigen Software fehlt.

Zukunftswahrscheinlichkeiten sind nicht berechenbar

Die Substitution der Konsistenzberechnungen durch nichtmathematische Bewertungen führt zu keiner gravierenden Qualitätseinbuße. Natürlich benötigen Entscheidungsträger in Wirtschaft und Politik Daten, Zahlen und Instrumente, aber Strategien und Zukunftswahrscheinlichkeiten sind nur sehr beschränkt berechenbar.

Der wichtigste Vorteil der Szenariomethode

Der wohl wichtigste Vorteil der Szenariomethode ist, dass sich Entscheidungsträger fundiert mit der Zukunft beschäftigen müssen. Da es bei dieser Methode nicht zwingend notwendig ist, quantitative Messgrößen zu verwenden, können die Betrachtungen qualitativ differenziert durchgeführt werden, was sie besonders bei Non-Governmental Organizations und Non-Profit Organizations beliebt macht.

Es können sowohl empirisch messbare Daten als auch subjektive Erwartungen in die Analyse einbezogen werden. Dies ist besonders dann von Vorteil, wenn sich Einflussgrößen auf den Untersuchungsgegenstand weder quantitativ noch durch qualitative Untersuchungen messen lassen, jedoch einen großen Einfluss auf das System haben können.

Die Szenariomethode als Basis eines Frühwarnsystems

Als Vorteil wäre noch der Zeitvorsprung zu nennen, der sich durch eine rechtzeitige und gezielte Gestaltung einer Strategie gegenüber einer bloßen Reaktion auf die Umwelt ergibt. Die Szenariomethode ist insofern die Basis eines Frühwarnsystems, als die wichtigsten Deskriptoren permanent beobachtet werden.

3. Die Expertenbefragung (Delphi-Methode)

Mehr und mehr hat sich das Verfahren zu einem Bewertungsverfahren für Themen entwickelt, mit dem festgestellt werden soll, ob es einen Konsens strittiger Themen gibt (bzw. ob dieser erreicht werden kann) oder nicht. In Deutschland war es in den 1990er-Jahren das damalige Bundesministerium für Forschung und Technologie (BMFT), das die ersten Expertenbefragungen zur Entwicklung von Wissenschaft und Technik in Auftrag gab.

Die Zukunft wird uns immer überraschen,
aber sie sollte uns nicht überrumpeln.
R. Buckminster Fuller

Vom Nutzen der Expertenbefragung

Die Expertenbefragung ist ein verbalargumentatives Prognoseverfahren, das auf Individualwissen und subjektiven Erfahrungswerten von Experten basiert – der Begriff *Experte* ist hier sehr breit gefasst –, ohne sich auf Mathematik und Statistik zu stützen. Die Strategie dieser Methode besteht in der Konzentration auf das Wesentliche. Sie eignet sich neben der Informationsgewinnung besonders zur Einschätzung von langfristigen technologischen Entwicklungen und von Marktchancen neuer Produkte (*pre-launch*). Diese Methode verspricht dem Anwender zuverlässige Informationen zu Sachverhalten, über die bis dato kein oder nur wenig Wissen vorliegt. Dieses Ziel soll durch einen stark strukturierten Gruppenkommunikationsprozess unter Experten erreicht werden.

Die Expertenbefragung wird gern dann eingesetzt, wenn die Experten zeitlich oder örtlich nicht an einem Ort versammelt werden können. Die Befragung erfolgt mehrstufig, bis ein Gruppenurteil feststeht.

Methodische Ausprägungen

Inzwischen gibt es verschiedene Ausprägungen dieser Methode, so zum Beispiel:

- Das Ideen-Delphi, das der Ideengenerierung und der Ideenbewertung durch Experten dient.
- Das Mini-Delphi, bei dem es sich um eine Kurzbefragung mit wenigen Erhebungswellen handelt. Hier wird nicht mit einem Fragebogen gearbeitet, sondern mit einer konkreten Problemstellung, zu der Lösungen erfragt werden.
- Die Breitband-Delphi-Methode. Hier dürfen sich die Experten untereinander abstimmen, bis sich ein Konsens innerhalb eines Toleranzbereiches einstellt.

3.1 Die Durchführung einer Expertenbefragung

Die Durchführung ist denkbar einfach. In der Vorbereitungsphase werden Fragebögen oder Thesenkataloge entworfen. Sie beinhalten nicht mehr als 50 Fragen und werden an ausgesuchte Experten versandt. Die Fragen sind präzise zu formulieren, um Missverständnisse zu vermeiden. Die Experten sollen nun in zwei, drei oder mehreren Runden die Fragen beantworten.

Fragebogen als Arbeitsmitel

Alle Einzelprognosen werden quantitativ erfasst und statistisch ausgewertet. Auf der Basis der dabei gewonnenen Erfahrungen wird der Fragebogen dann überarbeitet und nochmals an den Expertenkreis oder einen erweiterten Personenkreis verschickt. Das kann sich mehrfach mit einem modifizierten Fragebogen wiederholen. Entscheidend für den Erfolg einer Expertenbefragung ist der Fragebogen; unter anderem auch deshalb, weil nicht nur eine sachliche, sondern auch eine zeitliche Voraussage versucht wird. Bei der Erstellung ist auf weitestgehende Neutralität und Objektivität der Fragestellungen zu achten, um eine unbeeinflusste Beantwortung zu gewährleisten. Die Bearbeitungszeit bzw. der Umfang des Fragenkatalogs sollte so geplant werden, dass innerhalb einer Stunde nicht mehr als 25 Fragen zu beantworten sind, ansonsten besteht die Gefahr unerwünschter Schnellantworten, die ein seriöses Ergebnis der Expertenbefragung erschweren.

Analysen, Berechnungen und Klärungen

Nach der ersten Runde werden die Antworten, Schätzungen, Ergebnisse etc. aufgelistet und mithilfe von Mittelwertbildung, Prozent- oder Durchschnittswertberechnungen zusammengefasst und den Fachleuten anonymisiert zur weiteren Diskussion, Klärung und Verfeinerung der Schätzungen vorgelegt. Dieser kontrollierte Prozess der Meinungsbildung erfolgt gewöhnlich über mehrere Stufen.

Anonymer Austausch

Ab der zweiten Runde erfahren die Teilnehmer, wie andere Experten geantwortet haben, jedoch ohne Namensnennung. Auf diese Weise wird einer möglichen Expertendominanz entgegengewirkt. Nach der dritten oder vierten Runde erfolgt die Ergebnisanalyse. Das Endergebnis ist eine aufbereitete Gruppenmeinung, welche die Aussagen selbst und Angaben über die Bandbreite vorhandener Meinungen enthält.

Schlusssymposium

Die einzelnen Experten sehen sich nie und wissen auch erst nach Abschluss aller Umfragerunden die Namen der anderen Befragten. Dieses Vorgehen ist zuverlässiger als das Versammeln aller Experten in einem Raum. Liegt der Schlussbericht einmal vor, werden in der Regel alle Experten und andere Interessierte zu einem Symposium eingeladen.

Inzwischen haben papierne Fragebögen ausgedient. Die meisten Verfahren werden heutzutage elektronisch durchgeführt, so auch das Realtime-Delphi-Verfahren (also Rückkoppelung der Ergebnisse sofort).

PC ersetzt Fragebogen

3.2 Der Einsatz von Experten

Mindestens ebenso wichtig wie die methodisch korrekte Erstellung des Fragebogens ist die Auswahl der mitwirkenden Experten. In diesem Punkt unterscheidet sich die Expertenbefragung von anderen Prognoseverfahren. Hier ist möglicherweise der entscheidende Vorteil zu finden.

Auswahl der Experten

Unter Umständen können neben Experten auch fachlich qualifizierte Betriebsangehörige mit einbezogen werden; allerdings sollten sie im Vorfeld nicht zu stark in den Problemkreis involviert gewesen sein.

Problem der Teilnehmerfluktuation

Bei einer lang andauernden, mehrstufigen Befragung kann das Problem der Teilnehmerfluktuation auftreten. Diese wirkt sich ungünstig auf die Aussagefähigkeit der aufeinander aufbauenden Befragungsrunden aus. Auch ist festzustellen, dass die Experten ihre einmal geäußerte Meinung in den folgenden Runden trotz Anonymität nicht wechseln, sodass der Zusatznutzen weiterer Runden oft gering ist.

Methodische Ergänzung der Expertenbefragung

Als Ergänzung der Expertenbefragung könnte man beispielsweise die Cross-Impact-Matrix-Methode einsetzen. Kombinationen mit Szenarien werden inzwischen ebenfalls erprobt. Aus Befragungsergebnissen lassen sich einfache Roadmaps ableiten. Solche Kombinationen erfreuen sich zunehmender Beliebtheit.

3.3 Vor- und Nachteile der Expertenbefragung

Es wurde viel über die Expertenbefragung (Delphi-Methode) „orakelt“. Die einen kritisieren, dass kurzfristige Prognosen eher positiv, langfristige eher negativ ausfallen; bei mehrjährigen Studien können signifikante Änderungen der Expertenmeinungen auftreten. Einige Studien erweisen sich im Nachhinein auch als völlig unzutreffend. Manche Kritiker meinen, dass man mit diesem Prognoseverfahren stets nur das findet, wonach man gesucht hat.

Für und Wider von Diskussionen

Da die Expertenbefragung in der Regel auf Diskussionen verzichtet, verhindern gruppendynamisch bedingte Strömungen und Tendenzen in der Meinungsbildung eine auf Mehrheiten beruhende Schätzung. Auf der anderen Seite tragen gerade Gruppendiskussionen dazu bei, Defizite im Know-how einzelner Experten und die damit verbundenen Fehleinschätzungen zu vermeiden. Die Bemühungen, eine Über- bzw. Unterlegenheit von Expertenbefragungen im Vergleich zu anderen Verfahren – vor allem Gruppeninteraktionen – festzustellen, verliefen mehr oder weniger im Sande. Woudenberg (1991) kam zu dem Ergebnis, dass keine endgültige Aussage zur Zuverlässigkeit der Expertenbefragung gemacht werden kann. Darum gibt es keinen Grund, sie in der Zukunftsplanung nicht einzusetzen.

4. Die Zukunftswerkstatt

Eine Zukunftswerkstatt ist eine besonders strukturierte Besprechungsform für die Zukunftsplanung. Aus ihrer Geschichte heraus ist sie ein Instrument, mit dem Betroffene frühzeitig zu Beteiligten gemacht werden. Sie entstand dort, wo Menschen mit etablierten Institutionen oder natur- und umweltzerstörenden Produktions- und Lebensformen nicht mehr einverstanden waren und Probleme gemeinsam bearbeiten und kreative Lösungswege entwickeln wollten. Die Entscheidungen über die Zukunft sollten nicht länger von Planern und Politikern getroffen werden. Man wollte betroffenen Bürgern ein Instrumentarium an die Hand geben, damit diese eigene Konzepte einer lebenswerten, menschenwürdigen, ökologischen und friedlichen Zukunft entwickeln können (vgl. Fuß, Stark, 1991).

Junge Menschen als Zielgruppe

Die Ziel- bzw. Teilnehmergruppe sind vor allem junge Menschen, die ihre eigenen Zukünfte konzeptionell entwickeln sollen. Das komplette Reservoir an gruppendynamischen Techniken und Diskussionsmethoden wird nutzbar gemacht, um Menschen zu helfen und sie zu befähigen, an der Zukunftsgestaltung mitzuwirken. Der sozialkritische, ökologische, basisdemokratische und humanistisch eingefärbte Anspruch ist leicht erkennbar.

4.1 Die Durchführung einer Zukunftswerkstatt

Trotz weitestgehender thematischer Offenheit und teilnehmerbezogener Flexibilität haben sich formale Strukturmodelle mit klarem Regelwerk herausgebildet. Bei diesen gliedert sich die Zukunftswerkstatt in drei Hauptphasen – Kritik, Fantasie und Realisierung – sowie eine vorbereitende und nachbereitende Phase. Anfang der 1990er-Jahre schlug Robert Jungk vor, eine vierte Hauptphase zu integrieren, die soziale Experimente umfassen sollte.

Das Drei-Phasen-Modell

Der Zukunftsforscher Rüdiger Lutz empfiehlt ein Drei-Phasen-Modell, legt jedoch ein besonderes Gewicht auf den Wechsel von rational-analytischer und emotional-intuitiver Arbeit im 90-Minuten-Rhythmus. Er bezieht die Szenariomethode in seine Werkstattarbeit mit ein. Um den Teilnehmern die Vielfalt möglicher Zukünfte vor Augen zu führen, präsentiert er innerhalb der Zukunftswerkstatt sieben Grundtendenzen (Megatrends) zukünftiger gesellschaftlicher Entwicklungen, die er wiederum miteinander kombiniert. Dann fordert er die Teilnehmer auf, selbstständig fantasievolle Lösungen im Rahmen von Szenarios möglicher Zukünfte zu erarbeiten.

Eignung der Zukunftswerkstatt

Zukunftswerkstätten eignen sich für technische, soziale und ökologische Fragestellungen ebenso wie für medizinische, architektonische oder psychologische Probleme. Wichtig ist, dass die genaue Themen- bzw. Problemformulierung von den Teilnehmern vorgenommen bzw. präzisiert wird, denn schließlich sollen sich diese ihrer Lebensumstände und Probleme bewusst werden, um darauf aufbauend ihre Wünsche sowie Konzepte zu formulieren.

Größe der Zukunftswerkstatt

Die Gruppengröße für eine Zukunftswerkstatt sollte idealerweise bei 15 bis 20 Teilnehmern liegen. Zwei Moderatoren in der Rolle des Förderers und Verstärkers organisieren, führen und lenken die Arbeit der Zukunftswerkstatt. Für die praktische Durchführung eignet sich das Methodenset der klassischen Moderationsmethode.

4.2 Vor- und Nachteile der Zukunftswerkstatt

Menschen aus unterschiedlichen Erfahrungs- und Lebensbereichen kommen miteinander ins Gespräch, lernen sich kennen und fördern so das gegenseitige Verständnis für das Denken und Wollen, die Befürchtungen und Bedürfnisse der anderen. Die Stimmung und der Enthusiasmus in der Gruppe sollen beflügeln und mitreißen. Neue Sichtweisen werden eingenommen und Möglichkeiten erkannt, ja vielleicht sogar ungewöhnliche und überraschende Problemlösungen gefunden. Die tiefer gehende Auseinandersetzung mit drängenden Zukunftsfragen impliziert eine eventuelle und zugleich wünschenswerte Politisierung. Im Idealfall finden die Teilnehmer Gemeinsamkeiten, die weg vom Konflikt und hin zum Konsens führen.

Zukunftswerkstätten haben viele Formen

Prinzipiell handelt es sich bei einer Zukunftswerkstatt um einen Workshop mit dem Fokus auf Zukunftsthemen. Doch Tausende von Arbeitsgruppen und Unternehmen und Organisationen haben die Zukunft zum Inhalt, ohne sich Zukunftswerkstatt zu nennen. Jede Strategiearbeitsgruppe im Unternehmen ist letztendlich eine Zukunftswerkstatt.

5. Die Zukunftskonferenz

Die Geschichte der Zukunftskonferenz beginnt in den 1960er-Jahren im Zusammenhang mit der Idee der Organisationsentwicklung. Im Gefolge der Sozialbewegungen dieser Zeit wurden diese Methoden in das Thema Zukunft implementiert und fanden hier einen guten Resonanzboden. Auf der Basis der Notwendigkeit der Anpassung von Organisationen an die veränderte Umwelt entwickelten Merrelyn Emery und Marvin Weisbord das Konzept der Zukunftskonferenz. Das geschah fast zeitgleich mit der Propagierung von Zukunftswerkstätten durch Jungk und die von ihm ausgelöste Bewegung. Beiden Konzepten geht es um das aktive Beteiligen und Mitgestalten von Veränderungsprozessen durch die Betroffenen. „Betroffene zu Beteiligten machen", lautet das geflügelte Wort, mit dem der Grundgedanke noch heute ausgedrückt wird.

Zukunftswerkstatt und Zukunftskonferenz

Trotz vieler Gemeinsamkeiten und großer Ähnlichkeiten unterscheiden sich die beiden Verfahren der Zukunftswerkstatt und Zukunftskonferenz dennoch voneinander. In der Zukunftswerkstatt wird zumeist mit homogenen und kleineren Gruppen gearbeitet. Die Zukunftskonferenz bezieht unterschiedliche Interessengruppen eines Systems bzw. einer Organisation ein. Bis zu 70 Personen kommen zusammen. Das können Mitarbeiter eines Unternehmens zusammen mit ihren Lieferanten und Kunden sein oder auch Lehrer und Schüler einer Schule gemeinsam mit den Eltern. Sie arbeiten zweieinhalb bis drei Tage intensiv miteinander, lernen voneinander, entwickeln gemeinsame Visionen und planen konkrete Maßnahmen. Die Heterogenität sichert die Einbeziehung bzw. Kombination verschiedener Perspektiven und Sichtweisen, je nach organisatorischer Herkunft der Teilnehmer.

Arbeitsform für den Agenda-21-Prozess

In Deutschland setzten sich Zukunftskonferenzen langsam im Zusammenhang mit Stadtentwicklungsprozessen als Folge von lokalen Agenda-21-Prozessen durch. Das zeigt, dass sie sich, ebenso wie die anderen Großgruppenverfahren auch, insbesondere für komplexe Problemsituationen, für „unklare Probleme ohne Grenzen“ sowie für Dilemmata-Situationen eignen. Doch die Agenda-21-Euphorie hielt nicht lange an. Kommunalpolitiker vermuteten hier ein grünes trojanisches Pferd und kürzten die Mittel für den Agendaprozess.

Im betrieblichen Bereich traten andere Verfahren wie das Open Space an die Stelle der Zukunftskonferenz.

5.1 Sinn und Zweck der Zukunftskonferenz

Das Zusammenbringen unterschiedlicher Perspektiven ist typisch für eine Zukunftskonferenz. Der Erfolg der Zukunftskonferenz hängt wesentlich davon ab, ob tatsächlich die „richtigen“ Menschen an der Konferenz teilnehmen und „das ganze System im Raum“ versammelt ist. Nur so kann ein umfassendes Bild entstehen. Die Bewohner einer Stadt sind ebenso wie die Mitarbeiter eines Unternehmens oder die Schüler und Lehrer einer Schule die Experten ihrer eigenen und gemeinsamen Probleme nebst Lösungen.

Externe Interessengruppen einbeziehen

Wichtige externe Interessengruppen (z. B. Kunden, Lieferanten, Händler, Lizenznehmer) kann man einbeziehen. Das ermöglicht es, die ganze Realität zu erkennen und gemeinsam an einer neuen zu arbeiten. Auf der Basis ihres Wissens, ihrer Vorstellungen und ihrer Ideen entwickeln die Teilnehmer selbstständig und gemeinsam mit anderen Betroffenen

Visionen und Ziele, planen Zukünfte, entwickeln Projekte und setzen diese im Idealfall selbst um. Die Einbeziehung in den Veränderungsprozess soll eine hohe Identifikation mit den Ergebnissen bewirken und zur Weiterarbeit auch nach Projektabschluss motivieren.

Zukunftskonferenz als Zeitreise

Die Stärke der Methode liegt in der Integration aller Beteiligten und der *klaren Struktur*. Der Ablauf der Zukunftskonferenz ist gleichzeitig eine *Zeitreise* von der Vergangenheit über die Gegenwart hin zur Planung einer gemeinsamen Zukunft. Zurück in der Gegenwart wird wieder ein konkreter Maßnahmenplan erstellt. Auf diesen Punkt kommt es dabei nach Marvin Weisbord, dem „Erfinder" der Zukunftswerkstatt, und Sandra Janoff an: „Befassen Sie sich mit einem gemeinsamen Ausgangspunkt und gewünschten Zukunftsperspektiven – nicht mit Problemen und Konflikten." (Weisbord, Janoff, 2001, S. 67)

5.2 Die Durchführung einer Zukunftskonferenz

Zukunftskonferenzen sind Großgruppenverfahren. Sie verstehen sich als systemisch und partizipativ. Das Hauptziel ist, Konsens über eine gewünschte Zukunft herbeizuführen. Die Grundprinzipien nach Weisbord und Janoff (2001) lauten:

- Das ganze System in einen Raum holen
- Global denken, lokal handeln
- Den Fokus auf die Zukunft statt auf Probleme lenken
- Arbeit in sich selbst steuernden Gruppen

Zum idealen Ablauf

Eine Zukunftskonferenz ist auf die Idealgröße von 64 Teilnehmern angelegt und sollte standardisiert durchgeführt werden, wobei die Teilnehmer auf acht Arbeitsgruppen aufgeteilt werden. Hierbei handelt es sich üblicherweise um „Betroffenen- oder Interessengruppen". Deren unterschiedliche Sichtweisen gehen in die Zukunftskonferenz ein. Jede Gruppe bearbeitet die nachstehenden fünf Aufgaben, die im idealtypischen Ablauf ungefähr 18 Arbeitsstunden beanspruchen. Die zentrale Aufgabe der Gruppenmoderatoren ist es immer wieder, stets das Vereinende aller Beteiligten im Blick zu behalten und anzusteuern.

- **1. Aufgabe, durchzuführen in der Interessengruppe:**
  Rückblick in die Vergangenheit: Wo kommen wir her? Was waren die Schlüsselereignisse?
- **2. Aufgabe, durchzuführen in einer gemischten Gruppe:**
  Umfeldanalyse: Welche Veränderungen kommen auf uns zu? Welche Trends wirken positiv? Welche negativ?
- **3. Aufgabe, durchzuführen in einer Interessengruppe:**
  Gegenwartsbewertung: Wo stehen wir? Worauf sind wir stolz? Was läuft unbefriedigend?
- **4. Aufgabe, durchzuführen in einer Interessen- oder gemischten Gruppe:**
  Zukunftskonstruktion: Herausarbeiten von Gemeinsamkeiten. Was ist unsere Vision? Was wollen wir gemeinsam erschaffen?
- **5. Aufgabe, durchzuführen in einer gemischten Gruppe:**
  Aktions- bzw. Zielplanung: Wer macht was, wo, wann, mit wem?

Einigkeit als Voraussetzung für Maßnahmen

Während der Zukunftskonferenz sollen alle Beteiligten den Blick stets auf das Einigende richten, auf die Zukunft, die man sich gemeinsam wünscht und erschaffen will. Konkrete Maßnahmen werden erst dann geplant, wenn Einigkeit über die gemeinsamen Ziele besteht. Die Teilnehmer bekommen so ein Verständnis für ihre Vergangenheit, erkennen ihre gegenwärtige Situation und können ein gemeinsames Bild der Zukunft entwickeln.

5.3 Vor- und Nachteile der Zukunftskonferenz

Die Vorbereitung einer Zukunftskonferenz erfordert einen hohen Aufwand. Jede Phase der Konferenz muss wegen der wechselnden Gruppenkonstellationen sehr spezifischen Anforderungen genügen, sowohl im Hinblick auf die methodische Umsetzung als auch auf die Zusammensetzung der Kleingruppen. Eine professionelle Moderation ist angeraten.

Viele Möglichkeiten für Form und Inhalt

Form und Inhalt einer Zukunftskonferenz sind nicht zwingend. Normale Moderationskonzepte eignen sich ebenso gut wie der oben beschriebene Durchführungsrahmen einer solchen Konferenz. Umgekehrt kann der Rahmen einer Zukunftskonferenz für viele Zwecke bzw. Themen genutzt werden.

6. Die Technikfolgenabschätzung

Technik ist ambivalent. Sie bringt Fortschritt, beinhaltet aber auch Rückschritt. Dampfmaschinen waren ein großer Fortschritt am Beginn der Industrialisierung, aber für die Postkutscher ein existenzgefährdender Rückschritt. Doch die negativen gesellschaftlichen Wirkungen des technologischen Fortschritts vor 150 Jahren waren aus heutiger Sicht noch überschaubar. Anders verhält es sich mit dem Bau eines Atomkraftwerkes, eines Flughafens oder der Verbreitung einer fundamental neuen Technologie wie der Gentechnologie oder der Miniaturisierung der Elektronik. Die persönlichen und gesellschaftlichen Folgen der Computertechnik kennen Sie. Aber welcher Wissenschaftler oder Entwickler hatte vor 20 Jahren schon eine Vorstellung von den Möglichkeiten und dem Ausmaß der heutigen Computerkriminalität?

Technik als Quelle des Fortschritts

Technik verändert die Grundlagen unseres Lebens, sowohl mittel- als auch unmittelbar. Es ist uns nicht möglich, uns dem technischen Fortschritt zu entziehen. Die Produktivkräfte prägen die Produktionsverhältnisse, also das Wirtschaftssystem. Technik ist sozusagen die Quelle unseres Wohlstandes, aber auch eine Belastung. Die Beispiele des Atommeilers Kalkar und des geplanten Nacktscanners auf Flughäfen zeigen, dass nicht alles, was technisch machbar, auch wünschenswert und durchsetzbar ist.

6.1 Als nützlich eingesetzt, als unnütz abgeschafft

In den 1960er- und 1970er-Jahren regte sich der Unmut über die negativen Folgen neuer Technologie, vor allem über die Zunahme an Umweltbelastungen. Zugleich wurde die Arbeit militärischer Forschung kritisch hinterfragt. Das waren zwei von mehreren Gründen, die Parlamentarier in den USA veranlassten, einen Kongressausschuss für „Science, Technology & Development" zu fordern, der 1966 eingesetzt wurde. Einige Jahre später kam das „Office for Technology Assessment" als zentrale US-Institution für die Technikfolgenabschätzung hinzu. Das US-Parlament fühlte sich mit vielen technologisch relevanten Beschlüssen überfordert und forderte eine unabhängige Beratung. Der ehemalige US-Präsident Bill Clinton ließ das Office aber während seiner Amtszeit 1995 als „überflüssige staatliche Einrichtung" schließen.

Viele Begriffe für denselben Sachverhalt

In der EU wurden ähnliche Institutionen geschaffen, so 1990 in Deutschland das „Büro für Technikfolgenabschätzung beim Deutschen Bundestag", das seinen Sitz am Institut für Technikfolgenabschätzung und Systemanalyse in Karlsruhe nahm. Die Politik erkannte ihren diesbezüglichen Informations- und Beratungsbedarf. Nachdem sich auch der Verein Deutscher Ingenieure (VDI) im Jahre 1991 mit seiner Richtlinie 3780 *Wegweisung zur Technikbewertung unter individual- und sozialethischen Aspekten* positioniert hatte, hat sich der Begriff *Technikfolgenabschätzung* einen Stammplatz im Wortschatz von Technikern und Politikern erworben. Andere Begriffe gesellten sich dazu, die dasselbe oder Gleiches meinen, wie zum Beispiel *Systemanalyse*, *Technikbewertung*, *Technology Forecasting und Foresight*, *Umweltverträglichkeitsprüfung*, *Produktfolgenabschätzung*, *Evaluationsstudien* und *Wirkungsanalysen.*

6.2 Wertemanagement durch Technikfolgenabschätzung

Ob Flughafenbau, künstliche Befruchtung, Einsatz von Industrierobotern oder Satelliten in den Orbit schicken, nichts geht mehr ohne fundierte Folgenabschätzung. Daran ist die Erwartung einer gewissen Mediationswirkung der Technikfolgenabschätzung geknüpft. Großprojekte sind stets konfliktträchtig. Die einen sehen den Fortschritt, die anderen die damit verbundenen Risiken. Die einen verstehen sich als Wissenschaftler, die ausschließlich technische Handlungsempfehlungen geben, die anderen als gesellschaftlich verantwortliche Forscher, die sich auch zu den gesellschaftlichen Folgen der Technik äußern. Das ist unter anderem der Grund, warum der VDI explizit eine Wertegrundlage seiner Mitglieder fordert: „Ingenieure sind sich der Einbettung technischer Systeme in gesellschaftliche, ökonomische und ökologische Zusammenhänge bewusst und berücksichtigen entsprechende Kriterien bei der Technikgestaltung, die auch die Handlungsbedingungen künftiger Generationen achtet: Funktionsfähigkeit, Wirtschaftlichkeit, Wohlstand, Sicherheit, Gesundheit, Umweltqualität, Persönlichkeitsentfaltung und Gesellschaftsqualität.“ (VDI: Ethische Grundsätze des Ingenieurberufs, 2002).

Kriterien der Technikgestaltung

Die im Zitat genannten Kriterien der Technikgestaltung spezifiziert der VDI folgendermaßen:

- **1. Funktionsfähigkeit:** Wirksamkeit, Perfektion, Einfachheit, Zuverlässigkeit, Lebensdauer
- **2. Wirtschaftlichkeit (einzelwirtschaftlich):** Unternehmenssicherung, Unternehmenswachstum, Kostenminimierung
- **3. Wohlstand (gesamtwirtschaftlich):** Bedarfsdeckung, quantitatives und qualitatives Wachstum, Vollbeschäftigung, Verteilungsgerechtigkeit
- **4. Sicherheit:** körperliche Unversehrtheit, Lebenserhal-

tung des einzelnen Menschen und der Menschheit, Minimierung des Betriebsrisikos und des Missbrauchsrisikos

- **5. Gesundheit:** körperliches Wohlbefinden, psychisches Wohlbefinden, Steigerung der Lebenserwartung, Minimierung der gesundheitlichen Belastung in der Berufsarbeit und in der privaten Lebensführung
- **6. Umweltqualität:** Landschaftsschutz, Artenschutz, Ressourcenschonung, Minimierung von Emission, Immission und Deponaten
- **7. und 8. Persönlichkeitsentfaltung und Gesellschaftsqualität:** Handlungsfreiheit, Informations- und Meinungsfreiheit, Kreativität, Beteiligungschancen, soziale Kontakte und soziale Anerkennung, Solidarität und Kooperation, kulturelle Identität, Ordnung, Stabilität und Regelhaftigkeit, Gerechtigkeit

Sicherung und Verbesserung der Lebensverhältnisse

Die Funktionsfähigkeit ist der einzige technische Wert, die anderen Werte sind nicht technischer Natur. Der VDI betont ihre Bedeutung. Für ihn ist, zumindest proklamatorisch, die Sicherung und Verbesserung menschlicher Lebensverhältnisse durch die Entwicklung und sinnvolle Anwendung technischer Mittel das Ziel allen technischen Handelns.

6.3 Zweck, Nutzen und Arten der Technikfolgenabschätzung

Technologischer Fortschritt hat Folgen. Man will Wasser stauen, um Felder zu bewirtschaften. Aber der geplante Stausee ist eingebettet in eine unendlich komplexe Umwelt. Was wirkt wie aufeinander? Die Technikfolgenabschätzung versucht das komplexe Labyrinth zu analysieren, um mögliche Negativfolgen zu erkennen und abzumildern. Man hat begriffen, dass die Umwelt nicht länger ein robustes und belastbares System mit unerschöpflichen Nutzungsressourcen ist.

Risiken erkennen und Entscheidungen fundieren

Technikfolgenabschätzung soll wirtschaftliche und politische Entscheidungen von großer Tragweite fundieren. Dazu gehören das Erkennen von Risiken und die Frühwarnung, denn schließlich will man Konflikte bewältigen oder durch eine sozialverträgliche Technikgestaltung vermeiden.

Abschätzungen von Folgen

Nicht immer stehen verlässliche Daten oder praktische Erfahrungen zur Verfügung. An die Stelle der Analyse müssen Hypothesen, oft auch einfach nur Vermutungen treten. Ein „richtig“ oder „falsch“ kann es ohnehin nicht geben, sondern eher ungefähre Abschätzungen von Folgen.

Arten der Technikfolgenabschätzung

Je nach Zweckbestimmung hat sich diese Unterscheidung der Technikfolgenabschätzung herausgebildet:

- Probleminduzierte Technikfolgenabschätzung, bei der ein existierendes Problem durch den Einsatz einer bestimmten Technik gelöst werden soll.
- Technikinduzierte Folgenabschätzung, bei der eine Technik zwar schon existiert, aber als problematisch betrachtet wird. Die weiter gefassten Analysen dieses Ansatzes beschäftigen sich mit den Folgen neuer Technik für Wirtschaft, Gesellschaft und Umwelt.
- Projektinduzierte Folgeabschätzungsstudien untersuchen zumeist konkrete Fälle lokaler oder regionaler Technikanwendung mit prototypischem Charakter.

Innovative und reaktive Technikbewertung

Entsprechend der Phase der Technikentstehung unterscheidet der VDI zwischen innovativer und reaktiver Technikbewertung. Die innovative Bewertung setzt ein, wenn Lösungen gesucht und die Forschung noch beeinflusst werden kann. Im Gegensatz dazu hat die reaktive Bewertung Reparaturcharakter, da der Forschungs- und Projektprozess abgeschlossen ist. Das Ergebnis wird bewertet und eventuell korrigiert. Zusammenfassend lässt sich sagen: Technikfolgenabschätzung dient der „nachlaufenden Schadensminimierung“ und der „vorlaufenden Technikplanung“.

Einsatzgebiete der Technikfolgenabschätzung

Die Einsatzgebiete der Technikfolgenabschätzung sind vielfältig. Hier einige Problembereiche:

- Wirtschaftliche Folgen (z. B. Arbeitslosigkeit, Qualifizierungsbedarf)
- Ökologische Folgen (z. B. Entsorgung, Biodiversität)
- Folgen der Arbeits- und Lebenswelt (z. B. Technikabhängigkeit, Mobilität)
- Kulturelle Folgen (z. B. Fernsehkonsum, Medienveränderung)
- Politische Folgen (z. B. militärische Aufrüstung, Weltraumfahrt)

Fragen der Technikfolgenabschätzung

Diese und ähnliche Fragen bieten sich im Rahmen der Technikfolgenabschätzung an:

- Ist diese Technik gesellschaftlich wünschenswert?
- Wo liegen die ethischen Grenzen einer Technik?
- Bis zu welcher Grenze sind technisch bedingte Risiken zumutbar?
- Wer ist legitimiert, über die Zumutbarkeit dieser Risiken zu entscheiden?
- Wie gestaltet sich das Verhältnis von Risiko und Nutzen?

6.4 Die Durchführung einer Technikfolgenabschätzung

Es fehlt weltweit an einer fundierten Methode der Technikfolgenabschätzung, auf die sich Theorie und Praxis als geeigneten Leitfaden geeinigt hätten. Das Deutsche Institut für Normung hat die Inhalte und Vorgehensweise von Wertanalyse und Projektmanagement in einer DIN-Norm beschrieben, nicht jedoch die Technikfolgenabschätzung. Das Fehlen einer allgemeingültigen Methode liegt auch darin begründet, dass die Erkenntnisinteressen und Technikfelder zu unterschiedlich sind, um sie zu vereinheitlichen. Aber im Laufe der letzten Jahrzehnte wurde eine Reihe von Anforderungen formuliert, die sich in den Vorgehensempfehlungen des VDI und anderer Institutionen wiederfinden.

W-Fragen als Analyseinstrument

Ein theoretisch mögliches Störereignis lässt sich mit der W-Methode erstellen. Hier wird jede Vermutung, Hypothese oder Mitursache mit der Frage nach dem Was oder Warum verknüpft. Dieses Vorgehen hat systemischen Charakter, da die Warum-Fragen alle Winkel und Ecken eines Problems ausleuchten. Das ständige Warum zwingt dazu, auch in entgegengesetzter Richtung zu denken, und erzwingt so eine gewisse Linearität, mit der die Untersuchung davor bewahrt wird, sich im Kreise zu drehen. Als hilfreich hat sich, ähnlich wie bei der Fehlermöglichkeiten-Einflussanalyse, dieses Frageraster zwecks Folgenabschätzung und Bewertung erwiesen:

- Wie wahrscheinlich ist der Eintritt des Ereignisses?
- Wie groß wäre das Schadensausmaß?
- Wie gewiss ist die Bewertung der Eintrittswahrscheinlichkeit und des Schadensausmaßes?
- Wie weit geht die räumliche Ausdehnung des Ereignisses?
- Wie lange werden die Wirkungen andauern?
- Welche Möglichkeiten bestehen, das Schadensausmaß zu begrenzen bzw. zu beheben?
- Mit welchen Fristen muss man für die Karenz- und Latenzphase rechnen?
- Wie groß ist das Mobilisierungspotenzial der Öffentlichkeit?

Folgeeinschätzung mittels Vernetzungsdiagramm

Um die Folgen einzuschätzen, kann ein Vernetzungsdiagramm gute Dienste leisten. Darin werden ursächliche und wechselseitige Beziehungen zwischen einem gravierenden Einflussereignis und den einwirkenden Faktoren eingezeichnet, um das Wirkungsgefüge zwischen den Systemelementen sichtbar zu machen. Die Beziehungen zwischen dem Ziel und den einwirkenden Faktoren können positiv oder auch negativ, stark oder schwach sein. Positive Auswirkungen von Systemelementen werden mit einem Pluszeichen gekennzeichnet, negative mit einem Minuszeichen. Plus und Minus sind aber keine Wertungen, sondern kennzeichnen lediglich die Art der Beziehung zwischen den Systemelementen.

6.5 Die VDI-Richtlinie 3780

Die VDI-Richtlinie ist keine Handlungsanweisung für die Durchführung einer Technologiebewertung, sondern sie benennt Eckpunkte und beschreibt deren Rahmen. Hier ein Auszug aus dieser Richtlinie:

- **Schritt 1 – Definition und Strukturierung des Problems**

  1.1 Themengenerierung: Es wird für notwendig erkannt, die möglichen Folgen des Einsatzes einer Technologie zu analysieren.

  1.2 Problemdefinition: Abgrenzung der Aufgabe. Was genau soll untersucht werden?

  1.3 Strukturierung: Festlegung der Rahmenbedingungen. Woher kommen die benötigten Daten und Informationen? Aufbereitung des Problems

- **Schritt 2 – Folgenabschätzung**

  Mit dem Problem entsprechenden Methoden werden die möglichen Folgen des Technikeinsatzes analysiert.

  2.1 Ermitteln des Standes der Technik

  2.2 Formulieren des erwarteten Entwicklungszieles der Technik

  2.3 Ermitteln des zeitlichen Horizonts der Entwicklung der Technik

  2.4 Aufarbeiten historischer Daten ähnlicher Technologien in der Vergangenheit (historische Analogienbildung)

  2.5 Ermittlung direkter Folgen der gegenwärtigen und zukünftigen Anwendung der Technik bzw. nach Erreichen des Entwicklungszieles der Technik

2.6 Abschätzung von Folgen, die nicht mehr direkt abgeleitet werden können. Hier spielen Wechselwirkungen eine wesentliche Rolle.
2.7 Betrachten möglicher Alternativen
2.8 Formulieren von Bewertungskriterien
2.9 Vergleichen von Folgenabschätzung der analysierten Technologie und der möglichen Alternativen

- **Schritt 3 – Bewertung**
  Für die Bewertung bieten sich viele Möglichkeiten an, so zum Beispiel die ABC-Analyse, die Fehlerbaumanalyse oder eine von vielen Bewertungsmatrixen, mit denen dann auch die folgende
- **Schritt 4 – Entscheidung**
  fundiert wird.

Hierbei handelt es sich um ein Prozessmodell. Im Prozess selbst können alle in diesem Kapitel vorgestellten Werkzeuge, aber auch viele andere Managementinstrumente kreativer oder analytischer Provenienz allein oder kombiniert genutzt werden.

6.6 Vor- und Nachteile der Technikfolgenabschätzung

Grundsätzlich stellt sich die Frage, ob und inwieweit die Technikfolgenabschätzung als Prognoseinstrument taugt, denn Komplexität, Ambivalenz und Ungewissheit lassen sich nur schwer durch Wissen auflösen. Unabhängig hiervon kann der Anspruch einer umfassenden Analyse aufgrund hoher Komplexität und Dynamik des Untersuchungsgegenstandes nur selten eingelöst werden. Hinzu kommt, dass man die Sicherheit eines technischen Systems, beispielsweise eines Airbus A380, nicht auf die Qualität einzelner Teile reduzieren kann. Es kommt vielmehr darauf an, wie die Einzelteile ineinandergreifen und aufeinander einwirken. Der Systemforscher Charles Perrow meint darum, dass komplexe, eng gekoppelte technische Systeme ein hohes Risiko in sich bergen. Aus der Sicht der Komplexitäts- bzw. Chaostheorie fällt darum das Urteil über die Prognosetauglichkeit der Technikfolgenabschätzung negativ aus. Es muss immer mit unvorhersehbaren Folgen gerechnet werden.

7. Die Trendextrapolation

Dieses Kapitel beruht auf der Zusammenarbeit meiner Studenten Holger Bender und Thomas Walter, denen ich hiermit nochmals danke.

Eine Prognose ist eine Aussage über zukünftige Ereignisse bzw. Entwicklungen eines Dinges oder Sachverhaltes. Sie beruht auf Daten der Vergangenheit, die es aufgrund bestimmter Gesetzmäßigkeiten und systematischer Verläufe ermöglichen, Erkenntnisse auf die Zukunft zu projizieren. Diese Fortschreibung kann manuell durch das Verlängern einer Trendlinie erfolgen. Die Trendlinie kann jedoch auch durch mathematische oder statistische Analysen ermittelt werden. Dem Berufsstand des Politikers ist zudem das schlichte Mittel der Propaganda vorbehalten, wie prognostische Aussagen zu sicheren Renten, blühenden Landschaften oder die Verwendung von Euphemismen für von Politikern initiierte heikle Situationen belegen.

Unterschiedliche Prognosepraxis

Die Prognosepraxis ist in deutschen Unternehmen recht unterschiedlich. Mehr als drei Viertel der Versicherungen und Kreditinstitute, etwa die Hälfte der Industriebetriebe und der Gewerbe im Handels- und Verkehrssektor sowie nur rund ein Drittel der Betriebe im Baugewerbe nutzen Prognosen. Weiterhin zeigt sich, dass mit dem Anwachsen von Beschäftigtenzahl und Umsatz die Bedeutung von Prognosen zunimmt.

Gut fundierte Prognosen bestehen aus mindestens drei Elementen:

- Dem zukünftigen Zustand des Prognoseobjektes

- Gesetzmäßigkeiten, auf deren Grundlage die zukünftigen Zustände des Objektbereiches berechnet werden
- Den Anwendungsbedingungen

Die Verknüpfung von Beobachtungswerten mit der Zeit

Der Grundgedanke aller Trendverfahren ist die Verknüpfung von Beobachtungswerten mit der Zeit. Hier wird die Entwicklung in der Vergangenheit als Gesetzmäßigkeit aufgefasst, die auch für die Zukunft gilt. Das heißt, die bisher festgestellte Gesetzmäßigkeit (Trend) wird in die Zukunft fortgeschrieben (extrapoliert). Voraussetzung ist allerdings, dass die ermittelte Gesetzmäßigkeit weiterhin gilt. Die Fortschreibung geschieht mathematisch oder grafisch, ohne einen Ursache-Wirkung-Zusammenhang abzubilden.

Die zielführende Frage

Die zielführende Frage einer Trendextrapolation lautet: Wie entwickelt sich das Untersuchungsobjekt, wenn alle Rahmenbedingungen so wie bisher, also im Trend, weiterverlaufen? Das Untersuchungsobjekt stellt die abhängige Variable, die Rahmenbedingungen stellen die unabhängigen Variablen dar.

Das Prognoseverfahren

Die Verfahren zur Erstellung von Prognosen lassen sich hinsichtlich ihrer Ausrichtung unterscheiden in quantitative und qualitative. Zentrale Fragen sind hierbei, in welcher Form die Informationen aufgenommen und transportiert werden oder ob quantitative Daten herangezogen werden sollen bzw. qualitative Daten quantifiziert werden.

Trendextrapolation und Trendprognose

Zu den quantitativen Prognoseverfahren gehören die Trendextrapolation und die Trendprognose. Sie basieren zumeist auf mathematischen Modellen mit einem eher hohen Formalisierungsgrad. Zu den als qualitativ bezeichneten Verfahren zählen empirisch-intuitive Verfahren mit niedriger Formalisierung wie beispielsweise die Szenariomethode oder die Expertenbefragung. Bei quantitativen Modellen werden meist feste Schlüsselfaktoren definiert, qualitative Methoden hingegen erlauben eine ganzheitliche Betrachtung, ohne einzelne Faktoren ein- oder ausschließen zu müssen. Weiterhin existiert eine Abgrenzung im Projektionszeitraum. Quantitative Verfahren erlauben kurz- und mittelfristige Prognosen, qualitative Ansätze verfolgen einen eher mittel- und langfristigen Planungshorizont. In der Praxis basieren die meisten Prognosen auf einer Mischform beider Ansätze.

Explorative und normative Verfahren

Es wird auch von explorativen und normativen Verfahren gesprochen. Die explorativen Verfahren gehen von der Gegenwart aus und kreieren alle möglichen Entwicklungen, ungeachtet der Wünschbarkeit. Es wird versucht, möglichst realitätsnah Unsicherheiten und Deskriptoren bei der Entwicklung der Prognose miteinfließen zu lassen. Daraufhin können mögliche Maßnahmen und Entscheidungen zur Generierung eines positiven Verlaufs eingebracht werden. Normative Verfahren hingegen sind eher von der Zielsetzung des Unternehmens geprägt. Mit Blick auf angestrebte Ziele wird versucht, Determinanten zur Erreichung der Wunschsituation zu identifizieren und Strategien zu konzipieren.

Eine wichtige Rolle spielen die Zeiträume der zu prognostizierenden Zukunft. Das Schema (in Anlehnung an Graf, 1999, S. 57) zeigt die Abhängigkeit der genannten Kriterien.

Inhalt / Zeit	Normativ	Explorativ/deskriptiv
langfristig (über 5 Jahre)	So muss es werden!	So könnte es werden, wenn …
kurzfristig (bis 18 Monate)	So sollte es sein, wenn …	So wird es sein, wenn …

7.1 Die Formen der Trendextrapolation

Diese vier Trendformen sind für Sie als eventueller Anwender dieser Technik relevant (vgl. Graf, 1999):

- Linearer Trend
- Exponentieller Trend
- Logistischer Trend
- Parabolischer Trend

Der lineare Trend

Dieser Trendtyp wird am häufigsten verwendet, da er einfach zu berechnen ist und sich der Prognosewert durch eine einfache Verlängerung der Trendgerade rechnerisch leicht bestimmen lässt. Der lineare Trend ist durch gleichbleibende absolute Zuwächse oder Abnahmen pro Zeiteinheit gekennzeichnet. Er stellt also eine proportionale Fortschreibung der bisherigen Entwicklung dar. Das bedeutet, dass diese Kurve gleichmäßig steigt oder fällt.

$y \rightarrow$ Analysierte Größe
$a \rightarrow$ Der Ausgangswert des Trends bei $x = 0$
$b \rightarrow$ Die absolute Veränderung von y pro Beobachtungsperiode

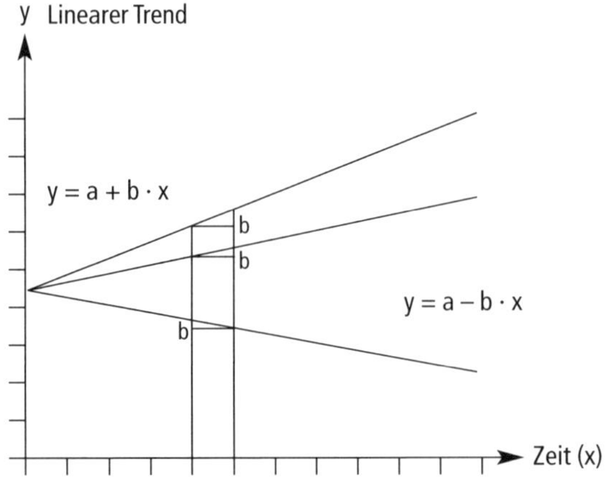

Mangelnde Eignung

Bezogen auf das Beispiel eines Absatzmarktes, schließt ein linear ansteigender Trend eine Marktsättigung aus. Lineare Trends unterstellen eine unveränderte Markt- und Wettbewerbssituation und werden insoweit den diskontinuierlichen Entwicklungen in der Realität oft nicht gerecht.

Methode der kleinsten Quadrate

Diesen Ansatz bezeichnet man als auch Methode der kleinsten Quadrate. Sie gilt als das mathematische Standardverfahren zur Ausgleichungsrechnung. Hierbei ist eine Wolke aus Datenpunkten gegeben, die physikalische Messwerte, wirtschaftliche Größen oder Ähnliches repräsentieren können. Zu dieser Punktwolke sucht man dann eine möglichst genau passende, parameterabhängige Modellkurve. Dazu bestimmt man die Parameter dieser Kurve numerisch, indem die Summe der quadratischen Abweichungen der Kurve von den beobachteten Punkten minimiert wird.

Der exponentielle Trend

Der exponentielle Trendverlauf zeichnet sich durch konstante prozentuale Zuwachsraten aus. Das heißt, dass die Steigung der Kurve mit der Veränderung des y-Wertes zu- oder abnimmt und niemals den Nullpunkt erreicht.

y → Analysierte Größe
a → Der Ausgangswert des Trends bei x = 0
b → Die absolute Veränderung von y pro Beobachtungsperiode

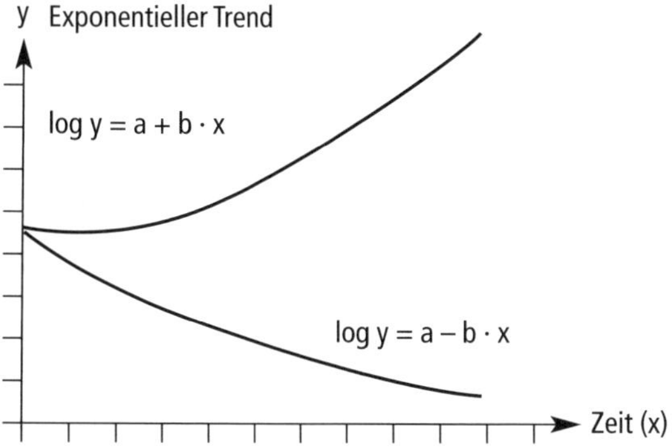

Der Eignungszweck Das exponentielle Modell ist besonders dann geeignet, wenn Bestands- oder Absatzentwicklungen in zunehmend steigender Weise erfolgen (zum Bespiel zu Beginn des Lebenszyklus eines Produktes).

Der logistische Trend

Der logistische Trendverlauf, auch Wachstumskurve genannt, zeichnet sich durch seinen S-förmigen Verlauf aus. Zunächst beginnt diese Kurve relativ flach mit ansteigenden Zuwachsraten, verläuft dann mit einer konstanten Steigung weiter, bis diese wieder abnimmt und somit eine Art Sättigung eintritt.

y → Analysierte Größe
a → Der Ausgangswert des Trends bei x = 0
b → Die absolute Veränderung von y pro Beobachtungsperiode

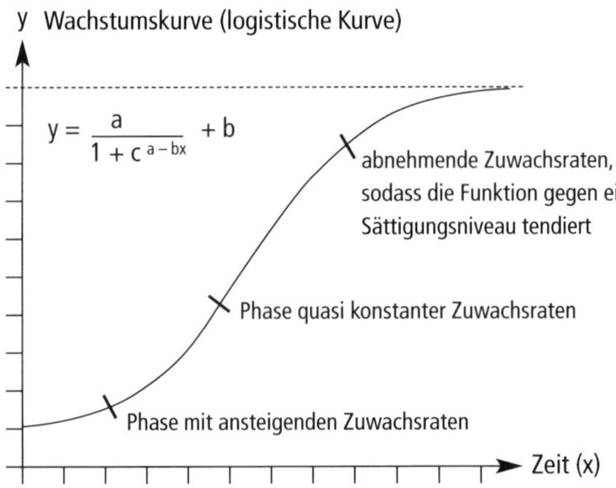

Zur Eignung Ein logistischer Trend berücksichtigt für die Prognosegröße y ein Niveau, zum Beispiel Marktsättigung, das vom Modellbenutzer vorgegeben werden muss. Die logistische Kurve zeigt dann die Entwicklung des Marktpotenzials vom Zeitpunkt der Markteinführung bis zur Sättigung. Die Funktion verläuft zunächst bis zu ihrem Wandelpunkt progressiv steigend, um dann in eine degressive Entwicklung überzugehen. Sie eignet sich besonders für die Prognose der Bestandsentwicklung langlebiger Produkte (Gullyplatten, Waschmaschinen, Autos).

Der parabolische Trend

Der parabolische Trendverlauf zeichnet sich durch seine zunächst leicht, später jedoch stark ansteigende Trendkurve aus. Dies ergibt sich aus der Multiplikation der Größe c mit der quadrierten Zeiteinheit x.

y → Analysierte Größe
a → Der Ausgangswert des Trends bei $x = 0$
b → Die absolute Veränderung von y pro Beobachtungsperiode

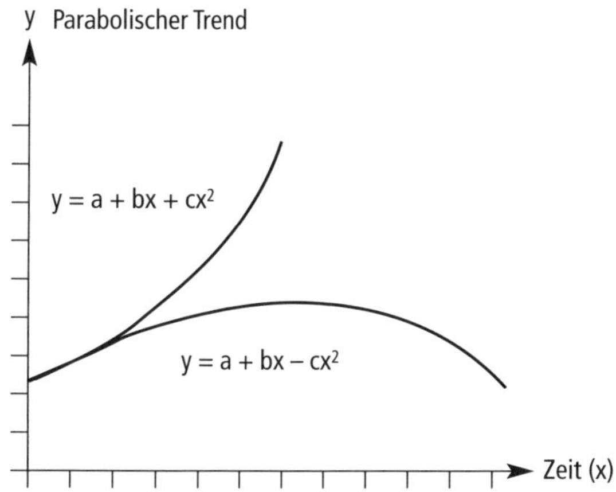

Analyse der Trendverläufe

Nach erfolgter Festlegung des Trendverlaufs erfolgt eine Identifikation der Schlüsselfaktoren. Sodann muss gefragt werden, ob aus der empirischen Vergangenheitsanalyse ermittelte Verhaltensweisen und Reaktionsfaktoren auch in Zukunft gelten oder ob sie revidiert werden müssen. Dies erfolgt anhand von Schätzungen und kann beispielsweise über die Expertenbefragung erfolgen.

7.2 Die Zeitreihenanalyse

Bei vielen Problemen der Statistik geht es um die Aufnahme von Stichproben, das heißt die Beobachtung einer physikalischen Größe in einem bestimmten Zeitintervall und unter nahezu identischen Bedingungen. Als Beispiel sei hier die wiederholte Messung der Dichte eines Werkstoffes genannt. Hierbei ist die Reihenfolge der gewonnenen Daten völlig unwichtig, sie spielt für die statistische Auswertung keine Rolle. Bei der Betrachtung von Zeitreihen ist die Reihenfolge des Auftretens allerdings ein wichtiger Bestandteil der Untersuchung. Eine Zeitreihe ist die zeitlich geordnete Folge von Beobachtungen einer Größe. Für jeden Zeitpunkt t einer Menge von Beobachtungszeitpunkten T existiert daher genau eine Beobachtung.

Univariante und multivariante Verfahren

In einigen Bereichen der Wissenschaft treten Zeitreihen auf, Beispiele hierfür sind Aktienkurse an aufeinanderfolgenden Börsentagen, Jahresproduktionsmengen eines Unternehmens oder das Zeitverhalten eines chemischen Experimentes. Als Unterscheidungskriterium der Zeitreihenanalyse dient die Menge der Zeitreihen. Wird nur eine Zeitreihe verwandt, spricht man von univarianten Verfahren, fließen mehrere Zeitreihen in die Untersuchung mit ein, handelt es sich um multivariante Verfahren. Weiterhin werden klassische und moderne Verfahren eingesetzt. Bei den klassischen Verfahren wird versucht, die Zeitreihe in ihre Komponenten zu zerlegen.

Vier Komponenten

Hierbei handelt es sich meist um vier Komponenten (Hüttner, 1986; Schlittgen, Streitberg, 2001):

- **Trend:** Er beschreibt die Entwicklungsrichtung der Zeitreihe. Der Koeffizient, der diese Richtung angibt, kann ein positives oder negatives Vorzeichen besitzen oder verschwinden. In diesem Falle handelt es sich um eine Konstante. Er stellt eine eher langfristige systematische Veränderung des mittleren Niveaus der Zeitreihe dar.

- **Konjunktur:** Sie ist eine zyklische, mehrjährige Komponente, welche den Trend beeinflusst.
- **Saison:** Sie beschreibt eine jahreszeitlich bedingte Schwankung oder aber auch Monats- oder Quartalsschwankungen. Sie wiederholt sich oftmals fast unverändert jedes Jahr. Es können jedoch wöchentlich oder sogar täglich Schwankungen auftreten.
- **Restkomponente:** Diese Komponente fasst nicht zu erklärende Einflüsse zusammen. Diese können einmalig, als sogenannte Strukturbrüche, oder zufällig auftreten.

Glatte und zyklische Komponenten

Des Weiteren können die beiden erstgenannten Komponenten zur „glatten" Komponente und die beiden letzten Komponenten zur „oszillatorischen" oder „zyklischen" Komponente zusammengefasst werden, zumal eine Trennung der Komponenten oft nicht möglich ist. In einem ersten Schritt kann unterstellt werden, dass sich die Komponenten additiv überlagern oder ein additives Modell vorliegt.

$$\chi_t = k_t + s_t + u_t$$

Häufig kann festgestellt werden, dass mit der glatten Komponente auch die Streuung der Werte um diese Komponente ansteigt. Bei solchen Reihen kann ein multiplikatives Modell unterstellt werden. Durch Logarithmen ist dieses wieder auf ein additives Modell zurückzuführen.

$$\chi_t = g_t \cdot s_t \cdot u_t$$

Die Ergebnisse dieser Komponentenmodelle sind so lange unbestimmt, bis die Komponenten durch weitere Modelle spezifiziert werden. Die verschiedenen Lösungsmodelle können daher sehr unterschiedliche Ergebnisse liefen, bei publizierten Zahlenreihen ist daher immer nach dem jeweils verwendeten Verfahren zu fragen, um eine Fehlinterpretation auszuschließen.

Lokale und globale Komponentenmodelle

Bei den klassischen Verfahren haben sich zwei Ansätze herauskristallisiert, globale Komponentenmodelle und lokale Komponentenmodelle. Um nun eine Aussage bei der Analyse von zeitlichen Verläufen machen und Prognosen oder einen Trend bestimmen zu können, bedarf es einer Funktion, welche den Trend am besten beschreibt. In einem ersten Ansatz liegt es nahe, als Prognosewert für die nächste Periode (und die folgenden Perioden) das arithmetische Mittel aus den ersten Beobachtungswerten zu verwenden.

$$\hat{x}_{t+1} = \bar{x}_t \left(= \frac{1}{t} \sum_{i=1}^{t} x_i \right)$$

Noch einfacher wäre es, den letzten Beobachtungswert für die Prognose zu wählen.

$$\hat{x}_{t+1} = x_t$$

Dies ist allerdings nur dann anwendbar, wenn kein Trend existiert, es tritt keine Veränderung auf. Liegt jedoch ein Trend vor, wäre das Prinzip *same-change* vorteilhafter.

$$\hat{x}_{t+1} = x_t + 1(x_t - x_{t-1})$$

Zum Nutzen

Diese einfachen Verfahren führen durchaus zu brauchbaren Ergebnissen und Prognosen. Sind aber die irregulären Komponenten stark ausgeprägt, können diese Verfahren schnell an ihre Grenzen stoßen. Soll dennoch ein einfaches Verfahren angewendet werden, kann die Methode der kleinsten Quadrate zur Anwendung herangezogen werden (Schlittgen, Streitberg, 2001).

Denkbare Probleme

Dieses Verfahren entspricht einer Regression auf die Zeit, die Beobachtungswerte werden alle mit dem gleichen Gewicht in die Berechnung miteinbezogen. Ein Problem hierbei stellt die Länge des Beobachtungszeitraumes dar. Zwar werden die Resultate mit langem Zeitraum sicherer, zurückliegende Werte beeinflussen den Trend allerdings stärker als dies bei einer kurzen Beobachtungsdauer der Fall wäre. Ein weiteres Problem stellt die Wahl der Trendfunktion dar. Daher sollte im Vorfeld versucht werden, aus der Zeitreihe den möglichen Trend zu bestimmen. Dies könnte durch die grafische Darstellung der Zahlen auf einer Zeitachse geschehen.

Die einfachste Trendfunktion ist die Gerade oder auch der lineare Trend der Form:

$$m_t = \beta_1 + \beta_2 t$$

Soll nun eine geeignete Trendgerade für eine Zeitreihe gefunden werden, wird, ausgehend von den Differenzen,

$$u_t = \chi_t - m_t = \chi_t - \beta_1 - \beta_2 t \quad t = 1, 2, \ldots, N$$

die Gerade gewählt, welche die Summe Q der quadrierten Differenzen minimal werden lässt.

$$Q = \sum_{t=1}^{N} (\chi_t - m_t)^2 = \min$$

Weiterhin existieren nichtlineare Trends, deren Parameter jedoch linear abhängig sind. Dies sind Trends höheren Grades in Gestalt von Polynomen N. Ordnung. Ein Trend 2. Grades hat die Form:

$$m_t = \beta_1 t + \beta_2 t^2 + c$$

Aber auch viele nichtlineare Trendmodelle lassen sich durch Transformation in lineare Trends überführen. Beispiele sind Exponential- oder Potenzmodelle.

$$\chi_t = e^{\beta_1 m_1(t) + \beta_2 m_2(t) + \ldots}$$

$$\chi_t = m_1(t)^{\alpha 1} \cdot m_2(t)^{\alpha 2} \cdot \ldots$$

Bei diesen Modellen erfolgt der Übergang zu den linearen Modellen durch Logarithmen.

$$\log \chi_t$$

Vom Nutzen der Glättung

Existiert für den Verlauf eines Trends keine funktionale Vorstellung, bieten sich Kurvenlineale an, um die wesentliche Struktur der zeitlichen Entwicklung abzuschätzen. Neben der Bestimmung des lokalen Trends kann aber auch eine Glättung der Zeitreihe von Bedeutung sein. Hierbei bedeutet Glättung die Ausschaltung von irregulären Schwankungen durch Approximationen.

7.3 Die Szenariogenerierung

Resultierend aus den Ergebnissen der Zeitreihenanalyse lassen sich Faktorenbündel generieren und diese zu einem Szenario und Maßnahmenkatalog ausarbeiten.

Szenariotypen

Dieses Szenario kann in Szenariotypen unterteilt werden:

- **Wait and see:** Hier werden keine bzw. wenig neue Maßnahmen eingeleitet.
- **Just do it:** Hier werden viele neue Maßnahmen eingeleitet.
- **Doom monger:** Die Umfeldfaktoren entwickeln sich negativ.
- **Carpe diem:** Die Umfeldfaktoren entwickeln sich positiv.

Trendextrapolation

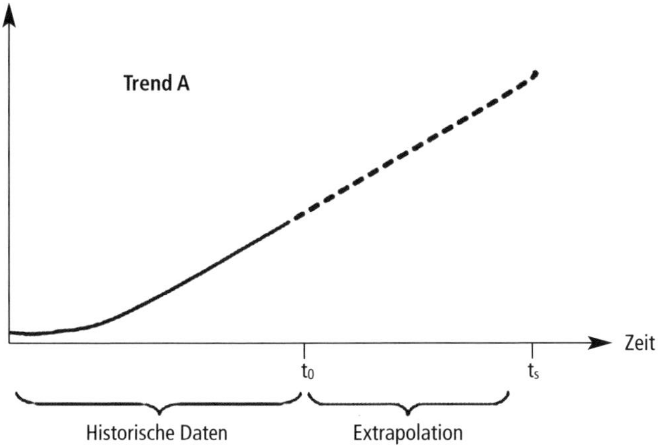

(Quelle: eigene Darstellung)

Ergänzung mit der Trend-Impact-Analyse

Des Weiteren kann man zur Generierung weiterer Trends die Trend-Impact-Analyse durchführen. Diese Methode leitet vom normalen Trendverlauf weitere Trendverläufe durch Wild Cards, also Störeinflüsse, einen Best-Case- und einen Worst-Case-Verlauf ab. Die Vorbereitungen hierzu können bereits in der Expertenbefragung durchgeführt werden.

7.4 Vor- und Nachteile der Trendextrapolation

Voraussetzungen zuverlässiger Ergebnisse

Die Trendextrapolation liefert nur dann zuverlässige Ergebnisse, wenn die relevanten Bestimmungsfaktoren auch in Zukunft einen gleichen Einfluss haben, die Trends sehr stabil sind und sich mit relativ hoher Wahrscheinlichkeit extrapolieren lassen. Außerdem werden Störeinflüsse (Wild Cards) für gewöhnlich nicht einkalkuliert. Dies kann zwar mental durchgespielt werden, allerdings gehört dieses Verfahren nicht zur Trendextrapolation, sondern versucht schon deren Schwächen auszugleichen.

Vom Ausgleich der Sicherheit

Auch suggeriert die Tatsache, dass bei der Trendextrapolation für gewöhnlich nur der wahrscheinlichste Trend angegeben wird, zu viel Sicherheit. Dieser Schwachpunkt kann aber durch die Anwendung der Trend-Impact-Analyse ausgeglichen werden.

Kritische Distanz beibehalten

Dem Anwender sei kritische Distanz empfohlen, da man in der Regel nicht davon ausgehen kann, dass die vergangene Entwicklung sich ohne Veränderung in der Zukunft fortsetzt. Wer auf quantitative Prognosen setzt, gerät bei unvorhersehbaren Entwicklungen unter Druck. Ein gutes Beispiel hier ist der sogenannte „Pillenknick", der alle Prognosen zur Bevölkerungsentwicklung über Nacht zunichtemachte. Anfang der 1960er-Jahre war man noch von geburtenstarken Jahrgängen ausgegangen und hatte auf der Basis dieser Prognose Schulen gebaut und Lehrer rekrutiert. Dann kam die Antibabypille.

Trotz aller Schwachpunkte ist die Trendextrapolation ein geeignetes Mittel, um zukünftige Trendverläufe zu skizzieren und aus diesen geeignete Maßnahmen abzuleiten.

8. Die Relevanzbaumanalyse

Die Relevanzbaumanalyse gehört zur Gruppe der systematisch-analytischen Kreativitätsmethoden. Mit ihr wird ein komplexer Sachverhalt, ein Problem, ein Ziel oder ein beliebiges System übersichtlich strukturiert bzw. in seine Einzelteile zerlegt, sodass der Betrachter einen Gesamtüberblick bekommt. Die Elemente werden zunächst einzeln und dann im Gesamtgefüge analysiert und bewertet. Im Vordergrund stehen die Aspekte des Ordnens und Gewichtens.

Anwendung und Visualisierung

Am Anfang erfolgt eine sorgfältige Abgrenzung und Definition des Untersuchungsobjektes. Der Zweck des Relevanzbaumes muss daraus ersichtlich werden. Nun erfolgt eine zunächst unsortierte Auflistung relevanter Elemente. Abhängig vom zu bearbeitenden Sachverhalt sind dieses Elemente, Merkmale, Kriterien, Ziele, Probleme, Technologien, Systeme etc. Sie werden anschließend nach ihrer Relevanz und Beziehung zueinander nach über- oder untergeordneten Gesichtspunkten in Form eines Baumes visualisiert, wobei der Detaillierungsgrad zunimmt, je größer sich die Verzweigungstiefe darstellt. Dabei ist darauf zu achten, dass die Elemente einer Ebene voneinander unabhängig und vollständig vorhanden sein müssen. Hiermit können auch Mittel-Zweck-Beziehungen visualisiert werden.

Darstellungsform und Relevanz

Von oben nach unten nimmt die Detaillierung dabei immer mehr zu. Auf den ersten Blick erinnert der Relevanzbaum an ein Organigramm oder auch an einen Projektstrukturplan, beides bekannte Darstellungsformen im Unternehmensalltag. Wie bei einem Baum verästeln sich die übergeordneten Elemente in die jeweils untergeordneten. Der Betrachter

Mittel-Zweck-Beziehung mit Bewertung

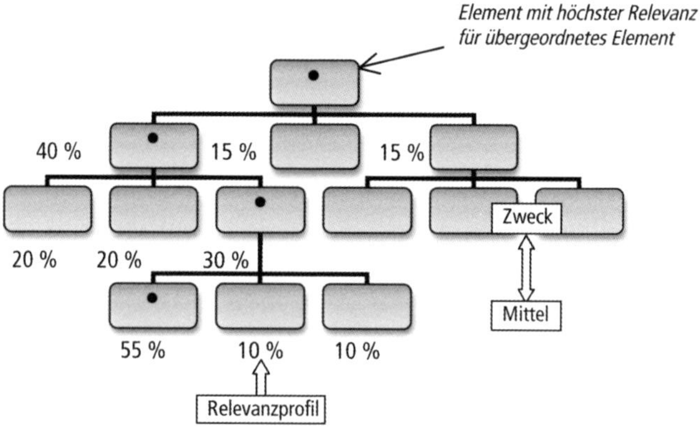

(Quelle: eigene Darstellung nach Nikles, 2007, S. 105)

erkennt so sehr schnell und leicht die Relevanz des Beitrages einer Ebene für die nächsthöhere. Und wer sich mit Managementinstrumenten auskennt, denkt sofort an die Balanced Scorecard, die nach der gleichen hierarchischen Logik aufgebaut ist.

8.1 Die Mittel-Zweck-Beziehungen

So wie beim Projektstrukturplan existieren verschiedene Ebenen, die als Mittel-Zweck-Beziehung miteinander verknüpft sind. Im Relevanzbaum ist sofort erkennbar, welche Bedeutung ein Merkmal/Element/Ziel für das nächsthöhere hat. Das jeweils untere Merkmal/Element/Ziel ist das notwendige Mittel bzw. die Maßnahme, um den darüber liegenden Zweck zu erreichen. Die jeweilige Ebene enthält mehrere alternative oder auch vergleichbare Elemente, so wie man es vom Organigramm einer Firma her kennt. Hier befinden sich auch die Abteilungsleiter aller Bereiche auf einer Ebene.

Von der Verknüpfung zum Relevanzprofil

Alle Elemente einer Ebene sollten so beschrieben sein, dass man erkennt, inwieweit sie mit einem Element der darüber liegenden Ebene verknüpft sind. Die Verbindung der Elemente, also der Strang, entspricht dem, was man im Unternehmen „Linie" nennt. Im Kontext der Relevanzbaumanalyse spricht man vom Relevanzprofil. Ein übergeordnetes Element hat gegenüber einem untergeordneten eine höhere Relevanz. Solche Zuordnungen müssen fachlich und logisch begründet sein; also zwei Unterelemente müssen tatsächlich zu einem übergeordneten Element passen.

Optimierung durch Relevanzkennzahlen

Relevanzbäume können durch die Hinzunahme von Relevanzkennzahlen an den Knotenpunkten optimiert werden, um so einzelne Elemente zu gewichten. Das setzt empirisch valide Kennzahlen voraus. Auch kann es sinnvoll sein, den Relevanzbaum farblich zu strukturieren, wichtige Elemente optisch hervorzuheben und unwichtige im Hintergrund zu platzieren.

8.2 Zweck und Nutzen der Relevanzbaumanalyse

Die Relevanzbaumanalyse kann zu Planungszwecken im Zielbildungsprozess eingesetzt werden. Mit ihr werden aus einem Oberziel Einzelziele abgeleitet. Aus dem Unternehmensziel werden detaillierte Abteilungsziele und aus diesen die Mitarbeiterziele vorgegeben.

Einsatzzweck

Die Methode wird gern in der Landschaftsplanung, insbesondere zum Zwecke der ökonomischen Risikobetrachtung, eingesetzt. Spieltheoretiker nutzen sie, um die Denkweise und Entscheidungen eines Gegners in Konfliktsituationen zu prognostizieren. In der Zukunftsplanung hilft sie, Einflüsse und Abhängigkeiten zwischen Ereignissen und Entwicklungen der Zukunft abzubilden. Das ermöglicht Hypothesen und Prognosen. Sie hilft auch beim Erkennen von Gefahren und Chancen. Gern wird sie auch zur Ideenfindung eingesetzt, oft in Kombination mit assoziativ-intuitiven Kreativitätstechniken.

8.3 Vor- und Nachteile der Relevanzbaumanalyse

Der Relevanzbaum ist ein leicht erlern- und bedienbares Analyseinstrument, ohne dass man über eine arithmetische oder statistische Anwendungskompetenz verfügen müsste. Der Zeitaufwand für die Analyse und Visualisierung ist überschaubar. Andere Kreativitätstechniken können mit verwendet werden. Das Ergebnis präsentiert sich übersichtlich und nachvollziehbar.

Die Bedeutung der Qualifikation der Anwender

Der Erfolg der Relevanzbaumanalyse steht und fällt mit der Qualifikation der beteiligten Akteure. Wer ordnen und gewichten, analysieren und verknüpfen will, benötigt Fachkompetenz. Allerdings basieren jede Ordnung und Gewichtung auf persönlichen Wertungen und sind ein subjektiver Ausdruck.

Risiken und Chancen der Wechselbeziehungen

Die horizontalen Wechselbeziehungen bleiben als Folge der Vertikalstruktur ausgeblendet. In dieser Wechselbeziehung könnten Chancen oder Risiken liegen. Auch ist es möglich, dass sich ein zu positiv bewerteter Ast negativ auf andere Äste auswirkt. Durch die Aufsplittung und Fokussierung auf Teiläste geht mitunter die ganzheitliche Perspektive verloren.

9. Das Roadmapping

Der englischsprachige Begriff *roadmap* bedeutet so viel wie Straßenkarte. Diese Metapher drückt aus, dass sich ein Unternehmen ähnlich einem Fahrzeug teils auf bekannten und teils auf unbekannten Routen bewegt. Dank der Roadmap und durch geschicktes Navigieren kommt der Fahrer von A nach B. Die Roadmap ist eines der wichtigsten Vorschauwerkzeuge zwecks Zukunftsgestaltung, zumeist technologischer Zukünfte.

Roadmapping als Oberbegriff ähnlicher Methoden

Roadmapping als eine intuitionsbasierte Kreativitätstechnik steht heute als Oberbegriff für eine Vielzahl verschiedener Methoden bzw. Vorgehensweisen der technologischen Früherkennung, die als Strukturierungs- und Entscheidungshilfe der strategischen Planung von Organisationen dienen. Eine Standardisierung bzw. Formalisierung der Methode fehlt bis heute. Eine Roadmap muss jeweils auf die besonderen Belange einer Organisation abgestimmt werden. Die Gemeinsamkeit der verschiedenen Ansätze besteht in der Verknüpfung der zeitlichen Dimension mit der Entwicklung von Technologie, Produkt und Markt, soweit es sich um ein produzierendes Unternehmen handelt. Gemeinsam ist ihnen auch die Zielformulierung zu Beginn des Mapping-Prozesses sowie die Einbeziehung möglichst vieler Personen, Abteilungen und Institutionen, der ausgeprägte Anwendungsbezug und der Instrumentenmix bzw. die Bündelung mit anderen Foresight-Tools.

9.1 Zweck und Aufbau einer Roadmap

Technologische Roadmaps sind die Keimzelle aller Zwecke von Roadmaps. Sie wurden ursprünglich in der strategischen Technologieplanung in Unternehmen eingesetzt. Ausgangspunkt war die Tatsache, dass die Aufwendungen für Forschung und Entwicklung als Folge verkürzter Produktlebenszyklen und Amortisationszeiten immer weiter stiegen. Um Fehlentwicklungen zu vermeiden, wollte man schon sehr früh die Bedürfnisse des Marktes in die Produktentwicklung einfließen lassen. Zu diesem Zweck bedurfte es einer Methode, welche die Marktbedürfnisse mit den technologischen und wirtschaftlichen Möglichkeiten des Unternehmens verbindet. Hier bot sich die Roadmap an. Der Nutzen liegt in verbesserten Investitionsentscheidungen und der Möglichkeit einer investitionsnahen Personalbedarfs- und Personalentwicklungsplanung. Die Roadmap gibt Hinweise auf notwendige Qualifikationen der Mitarbeiter von einem bestimmten Zeitpunkt an.

Ähnlichkeiten zum Balken- und Projektnetzplan

Die Roadmap dient der Strukturierung und Visualisierung langfristiger und komplexer Technologieprojekte in einzelne, übersichtliche und leicht zu bewältigende Schritte. Sie bildet die technologischen Ziele einer Organisation oder eines Unternehmens ab, benennt Zeitpunkte, zeigt Verknüpfungen und Entwicklungspfade. Alles ist auf den ersten Blick erkennbar. Insofern ähnelt sie einem Netzplan. Auch ist eine gewisse Affinität zum Balkenplan festzustellen. Dennoch hat sich der Begriff *Roadmap* im Kontext von Zukunftsplanung durchgesetzt, obwohl ein klassischer Projektnetzplan genauso gut die zeitliche Abfolge von Schritten darstellt.

Solche Roadmaps können von der Gegenwart in die Zukunft, aber auch rückblickend, von der (gedachten) Zukunft rückwärts in die Gegenwart visualisiert werden.

Aufbau einer Roadmap

Vom Aufbau her muss man sich eine Roadmap als zweidimensionalen Raum vorstellen, in dem auf je einer Achse die Objekte (Produkte, Technologien, Branchen) und die Zeit (Monate, Jahre), also der Ausgangs- und der Endzustand abgebildet sind, so wie in der nachstehenden Abbildung erkennbar.

Produkt-Technologie-Roadmap

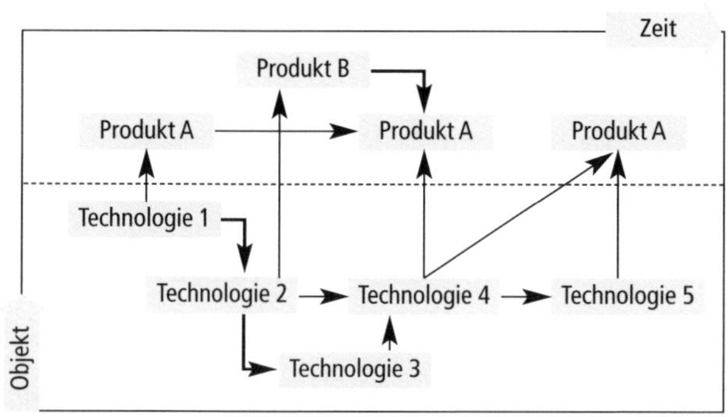

(Quelle: eigene Darstellung)

Die innere Ordnung der Roadmap

In der Abbildung sind die Objektachse horizontal und die Zeitachse vertikal angeordnet. Auf der Objektachse werden die Produkte, Technologien oder Themen abgebildet, die von A nach B gebracht werden sollen. Diese Ausgangslinie bildet die Istsituation eines Sachverhaltes ab, zum Beispiel die Technologie oder das Produktangebot. Die oben stehenden Produkte sind die fernere Zukunft und damit das Ziel bzw. die Vision. Dazwischen, im sogenannten Suchraum, befinden sich die erwarteten Innovationen, die als Zwischenstadien zu erreichen sind, um die Vision umzusetzen. Die zeitliche Entwicklung und gemeinsame Bezugspunkte, Fahrplan und Umsteigestationen, werden durch die Lage der Objekte in der Roadmap angezeigt. Dabei muss es sich nicht nur um interne Objekte handeln, sondern es können auch externe Konkurrenzangebote oder der Stand der Technologie visualisiert werden.

Pfeile als Wegweiser

Linien und Beziehungspfeile sind die Wegweiser hin zum Ziel. Man erkennt die Folgebeziehungen der Entwicklungen, also welche Technologien für welche Marktleistungen ab welchem Zeitpunkt einzusetzen sind. Solche Folgebeziehungen setzen voraus, dass ein neues Objekt auf gleichen oder ähnlichen Entwicklungserfordernissen aufbaut wie sein Vorgänger.

Der passende Prognosezeitraum

Je nach Bedarf oder Produktlebenszyklus kann man die Zeitachse unterschiedlich skalieren. Geht es nur um grobe Entwicklungstendenzen, reicht eine Einteilung in heute, morgen und übermorgen. Wird aber eine frühzeitige Weichenstellung angestrebt, ist eine zeitliche Reihung von zum Beispiel ein bis zwei oder sechs bis zehn Jahren zweckmäßig. Müssen kurzfristige Maßnahmen aus der Roadmap abgeleitet werden, ist eine enge terminliche Präzisierung im Jahresrhythmus notwendig. Der Zeithorizont unternehmensspezifischer Roadmaps umfasst zwei bis vier Jahre. Bei Produkte-Technologie-Roadmaps beträgt der Prognosezeitraum üblicherweise drei bis zehn Jahre.

Wenn der Zeithorizont weit in die Zukunft reicht, dann nimmt die Wahrscheinlichkeit der Zukunftsprognosen proportional ab. Neue Technologien oder Marktbedingungen wirken auf die Annahmen des Roadmap-Suchraumes ein und verändern diese.

9.2 Arten von Roadmaps

Roadmaps haben Produkte, Branchen oder auch Technologien zum Gegenstand. Dementsprechend unterscheidet man zwischen Produkte-, Branchen- und Technologie-Roadmaps sowie unternehmensspezifischen Roadmaps. Denkbar sind auch Kombinationen wie die Produkte-Technologie-Roadmap, bei der Produkte und Technologie miteinander verknüpft werden. Das ermöglicht eine zeitlich präzise Abstimmung der Abteilung Forschung und Entwicklung mit den Abteilungen Produktion und Vertrieb.

Push- und Pull-Roadmaps

Push und pull sind weitere Unterscheidungsmerkmale. Bei einer technologiegetriebenen Push-Roadmap werden zunächst die aktuellen technologischen und eigenen F&E-Arbeiten analysiert, um daraus eventuelle Produkte oder Dienstleistungen abzuleiten. Bei der anforderungsgetriebenen Pull-Roadmap steht das erwartete Produkt oder Angebot am Anfang. Erst danach werden die notwendigen technologischen Entwicklungen identifiziert und angestoßen. Beide Varianten kommen gleich oft vor und lassen sich auch kombinieren.

Verknüpfungsmöglichkeiten

Auch ist es sinnvoll, die Roadmap mit Instrumenten des strategischen Managements zu verknüpfen, insbesondere mit der Produkt-Markt-Matrix oder anderen ausgesuchten Portfolioinstrumenten.

9.3 Die Erstellung einer Roadmap

Während man als Roadmap das grafisch aufbereitete Ergebnis bezeichnet, wird mit Roadmapping der Prozess der Entwicklung und Visualisierung der Roadmap bezeichnet. In diesem Prozess sollen Zukunftschancen vorausgedacht werden. Das vollzieht sich in diesen fünf Schritten:

- **1. Schritt:** Sie grenzen die Aufgabenstellung ab, legen das Ziel, die wettbewerbsrelevanten Technologien des Unternehmens, den Zeitraum und den Detaillierungsgrad der Roadmap fest. Anschließend ermitteln Sie die Betrachtungsobjekte, die Sie abbilden wollen. Wenn Sie einen großen Betrachtungszeitraum abdecken wollen, müssen Sie das Umfeld analysieren.

- **2. Schritt:** Er dient der Suche nach Technologietrends im Vergleich zum Leistungsstand des eigenen Unternehmens, der Entwicklung von Zukunftsvorstellungen zu den Betrachtungsobjekten. Hierzu kann die Szenariomethode in den Prozess integriert werden. Wenn Branchen-Roadmaps vorliegen, sind diese einzubeziehen, wie überhaupt die Nutzung übergeordneter Roadmaps sinnvoll ist.
- **3. Schritt:** Es klingt leicht, von der jetzt anstehenden Visualisierung zu sprechen. In der Praxis sitzen Planer und Entscheider, Entwickler und Kaufleute an einem Tisch. Das Projektteam trifft sich mehrfach. Auf einen ausgewogenen Mix verschiedener Qualifikationen und Kompetenzen ist zu achten. Die Beteiligten müssen in der Lage sein, die strategischen Herausforderungen ihrer Branche frühzeitig zu identifizieren. Vielleicht wurde sogar eine Expertenbefragung vorgeschaltet. Hier wird ein erstes Kausalschleifendiagramm erstellt und die Ursache-Wirkungs-Beziehungen zwischen Technologie und Produkten werden ermittelt.
- **4. Schritt:** Die getroffenen Entscheidungen werden nochmals geprüft. Die Prüffragen lauten unter anderem: Haben wir alle möglichen Entwicklungspfade beschrieben? Sind die Annahmen, Verbindungspfade und Verbindungen plausibel und nachvollziehbar? Ergeben sich aus der Roadmap weitere Betrachtungsobjekte? Welche Folgen und Risiken drohen bei Einsatz dieser Technologie? Ergänzen sich Unternehmenskultur, Qualifikation und Vision?
- **5. Schritt:** Jetzt wird die Roadmap in das Unternehmensgeschehen implementiert. An dieser Stelle stellen sich auch die Fragen nach der notwendigen Qualifikationsentwicklung. Wie üblich im Management müssen Sie kontrollieren und steuern, bewerten und verändern. Das ist umso notwendiger, je länger sich der Transferprozess hinzieht. Was gestern richtig war, kann morgen schon falsch sein.

Insofern ist Roadmapping kein einmaliger Prozess, sondern einer, der jährlich fortgeschrieben werden muss und so Teil des betrieblichen Planungsprozesses wird.

9.4 Vor- und Nachteile der Roadmap

Trotz gründlicher Arbeit unter Einbeziehung aller relevanten Wissensträger ist es nicht möglich, bahnbrechende technologische Durchbrüche vorherzusagen. Hinzu kommt, dass als Folge zunehmender Komplexität die Vielfalt und Wechselwirkung von technischen Entwicklungen uns Menschen kognitiv überfordern. Überdies ist der hohe Zeitaufwand für viele Unternehmen eine Hürde, mit Roadmaps zu arbeiten. Andere Ressourcenprobleme kommen hinzu: finanzielle Mittel, qualifiziertes Personal oder notwendige Informationen.

Viele Vorteile

Eine grafisch gut aufbereitete Roadmap ist eine Kommunikationshilfe zwischen Ingenieuren, Managern, Kaufleuten und Kunden. Sie ermöglicht es, Planungen und Zeiten nachvollziehbar und begründbar abzustimmen. Die Koordination von Projekten auf den Funktionsebenen wird unterstützt. Das hilft bei der Ausrichtung auf klare Zielsetzungen. Unternehmen erkennen früher als sonst technologische Trends und können zeitnah reagieren. Das gilt insbesondere für kombinierte Produkte-Technologie-Roadmaps.

10. Die Wechselwirkungsanalyse (Cross-Impact-Analyse)

Mit der Wechselwirkungsanalyse werden Zusammenhänge, Wechselwirkungen und Abhängigkeiten verdeutlicht, insbesondere die Eintrittswahrscheinlichkeit möglicher Zukunftsentwicklungen. Diese können technologischer, sozialer oder wirtschaftlicher Art sein. Im Gegensatz zur Risikoanalyse, die in der Regel nur einen Aspekt fokussiert, zielt die Wechselwirkungsanalyse auf eine ganzheitliche Betrachtung. Der Grundgedanke hierzu lautet: Jedes Ereignis beeinflusst die Wahrscheinlichkeit des Eintretens eines anderen Ereignisses. Das Augenmerk gilt dabei den Reaktionsketten: Ereignis X beeinflusst Ereignis Y, das auf Ereignis Z wirkt und so weiter.

Die US-Rüstungsindustrie als Impulsgeber

Die Wechselwirkungsanalyse wurde in den 1960er-Jahren von Theodore Gordon und Olaf Helmer als Instrument zur langfristigen Zukunftsforschung entwickelt (Helmer, Gordon, 1967). Der Anstoß kam, wie so oft, aus der US-amerikanischen Rüstungsindustrie.

Fehlervermeidung als Impulsgeber

Bei frühen Zukunftsforschungen, beispielsweise denen des Club of Rome noch zu Beginn der 1970er-Jahre, wurden die dynamischen Abhängigkeiten zwischen Einzelfaktoren nicht oder zu wenig berücksichtigt und das Eintreten völlig neuer Faktoren unterschätzt, wie die rasante Entwicklung der Informations- und Kommunikationstechnologie und der damit verbundene Energiebedarf oder der medizinische Fortschritt zum Beispiel. Da die Wechselwirkungsanalyse genau diesen Fehler vermeiden will, fand sie schnell Zuspruch.

Die Cross-Impact-Matrix als Arbeitsinstrument

Das Arbeitsinstrument der Wechselwirkungsanalyse ist die Cross-Impact-Matrix. In ihr werden die Schlüsselfaktoren, in der Regel Ereignisse, gegenübergestellt. In den Zeilen werden die auslösenden Ursachen und in den Spalten die möglichen Wirkungen eingetragen. Alle Faktoren werden sowohl als Ursache wie auch als Wirkung aufgeführt. Nur so können die Wechselwirkungen erfasst werden.

Im Gegensatz zu der bereits vorgestellten Wechselwirkungsanalyse, bei der es im Rahmen der Szenariomethode um Elemente bzw. Faktoren ging, werden hier mögliche Entwicklungen bzw. Ereignisse miteinander verglichen.

10.1 Die Phasen der Wechselwirkungsanalyse

Die Wechselwirkungsanalyse erfolgt, grob betrachtet, in diesen vier Schritten:

- **1. Schritt: Ermittlung wahrscheinlicher Ereignisse**
  Um eine Wechselwirkungsmatrix nutzen zu können, müssen Sie zunächst die möglichen Ereignisse definieren (z. B. Ölverknappung oder Verstaatlichung von Banken). Sie sollten nicht zu viele, bestenfalls zehn, Ereignisse auswählen, weil mit jedem weiteren Wahrscheinlichkeitsereignis der Bearbeitungsaufwand immens steigt.
  Der erste Schritt ist erfolgskritisch. Wurden wesentliche Wahrscheinlichkeitseinflüsse vergessen oder die falschen ausgewählt, beeinflusst dieses das Ergebnis der bezweckten Zukunftsprognose.
- **2. Schritt: Schätzung der Eintrittswahrscheinlichkeiten**
  Im nächsten Schritt bestimmen Sie die Eintrittswahrscheinlichkeit der aufgelisteten Ereignisse (z. B. hoch, nie-

		Wahrscheinlichkeit des Ereignisses				
Bei Eintritt des Ereignisses …	… beträgt die Eintritts-wahrschein-lichkeit	1	2	3	4	5
1	0,15		0,30	0,25	0,10	0,15
2	0,20	0,10		0,35	0,07	0,40
3	0,25	0,15	0,20		0,15	0,05
4	0,10	0,15	0,25	0,25		0,15
5	0,20	0,25	0,15	0,50	0,20	

drig oder keine). Zumeist wird eine Zahlenskala von –3 bis +3 genutzt. Die Wahrscheinlichkeitsschätzung gibt an, mit welcher Wahrscheinlichkeit das Ereignis in den nächsten Jahren eintreten wird, ohne dabei Wechselwirkungen auf andere Ereignisse zu betrachten.
Die Eintrittswahrscheinlichkeit dient als Anfangswert für die numerische Simulation.

- **3. Schritt: Bestimmung der sich aus der Wechselwirkung ergebenden Wahrscheinlichkeiten**
  In diesem Schritt bestimmen Sie (oder Ihre Experten), mit welcher Wahrscheinlichkeit ein Ereignis aus der Wechselwirkung mit anderen Ereignissen eintritt. Die Fragen könnten in etwa so lauten: Wenn Ereignis A eintritt, wie hoch ist dann die Wahrscheinlichkeit für Ereignis B? Alle Schätzungen werden in die Matrix eingetragen.

Die abgebildete Matrix zeigt, dass das Ereignis 1 zunächst, isoliert betrachtet, eine Eintrittswahrscheinlichkeit von 0,15 hat. Tritt nun aber Ereignis 2 ein, dann sinkt die Wahrscheinlichkeit, dass auch Ereignis 1 eintritt, auf 0,10.

Da man von der Annahme ausgehen kann, dass ein „frühes" Ereignis nicht von einem „späten" Ereignis beeinflusst werden kann, geben die Felder oberhalb der Diagonalen die Folge an, wenn das vorgelagerte Ereignis eintritt. Die Felder unterhalb der Diagonalen zeigen, wenn das vorgelagerte Ereignis nicht eintritt.

- **4. Schritt: Empfindlichkeitsanalyse (Sensitivitätsanalyse)**
  Hier wird der Einfluss von Inputfaktoren (einzeln oder gemeinsam) auf die anfänglichen oder die bedingten Wahrscheinlichkeiten untersucht. Veränderte Umweltzustände können modifizierend auf eines der angenommenen Ereignisse wirken. Darum sind Ereigniswahrscheinlichkeiten gegebenenfalls neu zu bestimmen und die Matrix ist neu zu berechnen. Denkbar ist auch, dass neue Ereignisse in die Matrix aufgenommen werden.

10.2 Vor- und Nachteile der Wechselwirkungsanalyse

Im Vergleich zur Expertenbefragung ermöglicht die Wechselwirkungsanalyse exaktere Schlussfolgerungen zu zukünftigen Entwicklungen. Außerdem bietet sie die Möglichkeit, Wirkungen von Umfeldveränderungen zu simulieren, um so beispielsweise unentdeckte Zusammenhänge zu erkennen. Insofern beinhaltet sie auch Lerneffekte.

Zukunftsblick dank Systemverknüpfung

Weil die meisten Ereignisse und Entwicklungen in gewisser Weise mit anderen zukünftigen Ereignissen und Entwicklungen verbunden sind, ermöglicht die Wechselwirkungsanalyse einen Blick in die Zukunft, der bei isolierter Betrachtung eines einzelnen Ereignisses nicht möglich wäre.

Anwendungsfelder

Sie bietet sich zur Zukunftsanalyse von makroökonomischen Sachverhalten an, zu Zwecken der Technikfolgenabschätzung, sogar im kleinen Rahmen für die Entwicklung von Businessplänen, indem verschiedene Ereignisfälle vergleichend analysiert werden. Auch in der Kombination mit Risikoanalysen bzw. Fehlermöglichkeits- und Einflussanalysen erweist sie sich als ergiebig. Um jedoch die Wechselwirkungsanalyse vollumfänglich nutzen zu können, ist der Einsatz von Simulationssoftware nötig. Das gilt insbesondere dann, wenn viele Ereignisse zu berücksichtigen sind.

11. Das Collective Notebook

Das vom US-amerikanischen Managementdenker Charles H. Clark kreierte Collective Notebook ist eine Kreativitätstechnik, die zur Gruppe der intuitionsbasierten Assoziationstechniken gehört. Clark griff die Idee des Brainstormings auf und entwickelte auf dessen Basis den „kollektiven Notizblock". Im Gegensatz zum Brainstorming erfolgt die Anregung zur Ideenproduktion nicht mündlich, sondern schriftlich. Deshalb spricht man auch vom Brainwriting.

Notizblock statt Meeting

Dieses Verfahren bietet sich immer dann an, wenn die Ideenfindung einer Gruppe in einem Meeting aus irgendwelchen Gründen nicht möglich ist. Folglich kann der Ideenfindungsprozess einige Tage oder auch Wochen dauern. Dabei werden von den Teilnehmern alle Ideen auf einem Notizblock oder via E-Mail gesammelt und anschließend ausgewertet.

11.1 Die Durchführung eines Collective Notebook

So in etwa wird ein kollektives Brainwriting durchgeführt:

- **1. Vorbereitungsphase:** Problemstellung formulieren; Teilnehmer auswählen; Notizblöcke vorbereiten
- **2. Durchführungsphase:** Notizen auf vorbereiteten Blöcken schreiben; spontane und möglichst tägliche Eintragungen vornehmen; Zusammenfassung und Resümee
- **3. Auswertung:** Notizen durchsehen; Zusammenfassungen schreiben und abgleichen; Basisvorschläge zur Problemlösung erarbeiten; Konzepterstellung in gemeinsamer Gruppensitzung

11.2 Die Variante 6-3-5

In Deutschland wird vorzugsweise die von Bernd Rohrbach entwickelte Methode 6-3-5 als Brainwriting-Methode eingesetzt. Diese Methode setzt insbesondere auf das Verknüpfen und Weiterentwickeln von Ideen. Zu diesem Zweck sollen sechs Teilnehmer auf je einem Blatt, also auf sechs Blättern, je drei Lösungsvorschläge notieren. Auf dem Blatt stehen die Problemstellung sowie eine Tabelle mit drei Spalten und sechs Zeilen. Jeder Teilnehmer nutzt eine Zeile. Nach der ersten Weitergabe erhält also jeder Teilnehmer ein Blatt (oder elektronisch per E-Mail), auf dem bereits drei Ideen fixiert sind. Diese kann er ignorieren und neue formulieren, gewünscht ist jedoch die Weiterentwicklung der vorgenannten Ideen. Im Uhrzeigersinn wird jedes Blatt zum gleichen Zeitpunkt fünfmal weitergereicht. Der Umlaufprozess ist beendet, wenn jeder Teilnehmer jedes Blatt beschrieben hat. Auf diesem Wege entstehen $6 \times 6 \times 3 = 108$ Ideen. Anschließend erfolgt die Auswertung ähnlich wie beim Brainstorming.

11.3 Vor- und Nachteile des Collective Notebook

Im Gegensatz zum Brainstorming ist beim Collective Notebook eine gegenseitige Beeinflussung nicht möglich. Die Ideen werden dann gesammelt, wenn sie im Kopf des Teilnehmers entstehen, ohne den „Kreativitätszwang“ des Brainstormings. Auch die Notwendigkeit eines gemeinsamen Termins und damit eventuelle An- und Abreisen entfallen. So können Teilnehmer aus der ganzen Welt an der Ideen- bzw. Meinungsproduktion ohne großen logistischen oder zeitlichen Aufwand teilnehmen.

Die Nachteile sind in der fehlenden gegenseitigen Anregung sowie in der langen Dauer des Verfahrens zu sehen.

12. Das Wargaming

„War game" kann man wörtlich mit „Kriegsspiel" übersetzen. Da der Begriff negative Assoziationen auslöst, werden auch Begriffe wie *Karten-* oder *Feldmanöver*, *Modellierung* und *Simulation* genutzt.

Herkunft aus dem Militär

Wargaming wird unter wechselnden Namen im militärischen Sektor schon sehr lange praktiziert. Dort war man daran interessiert, die Armee auf unvorhergesehene Entwicklungen in der Schlacht vorzubereiten. Wer feindliche Aktionen einzuschätzen vermag, kann sich Kampfvorteile verschaffen. Dies wiederum ermöglicht eine wirtschaftliche Kriegsführung. Der Erfolg des Wargaming liegt vermutlich auch darin begründet, dass Armeen Handlungsweisen und Taktiken erproben können, ohne sich einer realen Kampfsituation mit allen ihren tragischen Folgeerscheinungen aussetzen zu müssen. Das erklärt, warum das Wargaming etwa so alt ist, wie es systematische kriegerische Auseinandersetzungen gibt, also etwa 5000 Jahre.

Vom Militär zum Business

Nach der Entwicklung des Wargaming im militärischen Bereich lag es auf der Hand, dass auch die Geschäftswelt diese Methode für sich entdeckte. Unternehmen, ja ganze Branchen müssen weit vorausschauen und situativ schnell und richtig handeln. Sie müssen ihre Gegner am Markt kennen und deren Handeln und Reagieren auf eigene Aktivitäten richtig einschätzen können. Unternehmen kämpfen um Marktanteile, Marktgebiete und Profite. Statt Waffen bringen sie Personal, Material, Geld, Innovationen und Werbekampagnen in Stellung. Insofern unterscheidet sich ihre Situation nicht fundamental von der des Militärs. Mit spieltheoretischen Instrumenten, System-Dynamics, Computersimulationen und Szenarioanalysen kann man die

Wettbewerbsdynamik eines Marktes untersuchen und fundierte Handlungsweisen ab- und einleiten. Besonders in Branchen mit hoher Wettbewerbsintensität und starken Interdependenzen erwies sich das rechnergestützte Wargaming als nützlich. So lassen sich die Systemparameter schnell verändern und Reaktionen eines Wettbewerbsfeldes simulieren. Probleme und Chancen werden schneller erkannt, Fehler vermieden. Entscheidungen lassen sich beschleunigen und Entwicklungszeiten minimieren.

Business-Wargaming basiert auf einer exakten Zweck- bzw. Zieldefinition und bezweckt eine maßgeschneiderte Simulation. Diese beginnt mit einem leeren Blatt Papier. Jede Simulation basiert auf einer spezifischen Fragestellung, auf die ein Unternehmen Antworten sucht. Hierzu einige Fragebeispiele, wie sie ähnlich in militärischen Szenarien gestellt werden:

- Unsere Branche ist dabei, sich neu zu formieren. Neue Bündnisse entstehen. Wem sollen wir uns anschließen? Benötigen wir Partner? Welche Risiken drohen? Was sollen wir tun?
- Das Geschäftsmodell unserer Branche ändert sich. Was bedeutet das für unsere Marktposition? Sollen wir neue Modelle übernehmen, den Status quo aufrechterhalten oder beides?
- Was folgt aus der Terrorismusgefahr für uns als Luftfahrtunternehmen? Was geschieht, wenn …? Welche Gegenmaßnahmen sind möglich und nötig?

Analyse mittels Was-wäre-wenn-Szenario

Alle diese Situationen sind zu komplex, als dass sie mit konventionellen Analyseformen ausreichend beantwortet werden könnten. Man benötigt eine Methode, die das Was-wäre-wenn-Szenario systematisch ausleuchtet.

12.1 Die Durchführung eines Wargaming

Es gibt viele Anwendungsvarianten von Wargaming. Diese sind die Folge falscher Vorstellungen über diese Methode. Darum zunächst der Hinweis, was Wargaming nicht ist.

Wargaming ist kein Planspiel

Business-Wargaming meint nicht *Planspiele*, wie sie gern an Wirtschaftsschulen gespielt werden. Solche *Business-School-Games* sind zwar wirtschaftspädagogisch wertvoll, aber basieren meistens auf Computersimulationen mit einer eingeschränkten Anzahl an Parametern, deren Vernetzung und Sensitivität von vornherein festgelegt sind. Nach zwei bis drei Durchgängen haben die Spieler ein Gefühl für die Sensitivität der einzelnen Parameter bekommen und wissen, welches die entscheidenden Stellhebel für ein möglichst günstiges Resultat sind.

Wargaming ist Kommunikation

Bei einem Wargaming werden von mehreren Teilnehmern verschiedene Computersimulationen duchgespielt, dabei werden neues Wissen und handlungsrelevante Erkenntnisse erzeugt. Ein Wargaming ist immer Kommunikation der Teilnehmer. Es ist nützlich, wenn:

- Maßnahmen der Konkurrenten das Unternehmen kalt erwischt haben
- Sich das Businessumfeld radikal ändert
- Die Organisation sich neuen Formen des Wettbewerbs stellen muss oder neue Wettbewerber mit neuen Regeln den Markt betreten
- Sich die bisherigen Strategien als überholt erweisen
- Überraschend Wettbewerber in den Markt eintreten und ein schlagkräftiges Gegenkonzept fehlt
- Umfangreiche Markt- und Wettbewerberinformationen vorliegen, aber die Auswirkungen nicht bis zum Schluss durchgespielt wurden
- Strategische Maßnahmen unterschiedlich bewertet und akzeptiert werden

12.2 Die Spielteams

Normalerweise sind beim Wargaming vier bis acht Teams beteiligt. Jedes von ihnen repräsentiert einen anderen Mitspieler, der im Wirtschaftsumfeld operiert. Generell repräsentieren diese Teams je einen anderen Konkurrenten. In manchen Fällen können die Teams auch Key-Customers und andere Organisationen wie Gewerkschaften, die Aktionäre oder die Regierung repräsentieren. Die vier minimalen Grundbestandteile jedes Wargaming sind das Firmenteam, das Wettbewerberteam, das Marktteam und das Kontrollteam.

Aufbau Wargaming

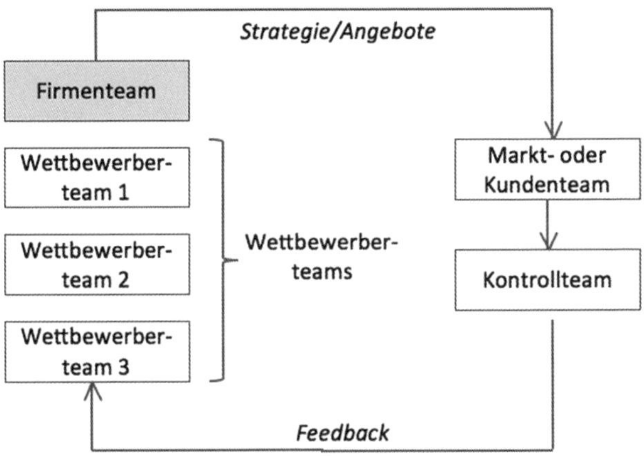

(Quelle: eigene Darstellung)

Das Firmenteam

Das Firmenteam repräsentiert das Unternehmen, das mit der Durchführung des Wargaming Antworten auf strategische Schlüsselfragen sucht. Es besteht aus Mitgliedern des Topmanagements. Im Mittelpunkt stehen strategische Fragen, die auf der Basis alternativer Businesspläne hypothetisch durchgespielt werden. Im Denkprozess hat das Team alle

Freiheiten, die es auch in der realen Welt hätte. Es kann Allianzen eingehen oder auflösen, Fusionen und Akquisitionen tätigen und auch sonst alles tun, was innerhalb der Möglichkeiten der Realität und der eigenen Ressourcen liegt.

Das Wettbewerberteam

Auch hier arbeiten Führungskräfte des Unternehmens. Sie sollen in die Rolle ihrer Mitbewerber schlüpfen und ihr eigenes Unternehmen aus deren Perspektive betrachten. Um ihnen den Rollentausch zu erleichtern, erhalten sie ein *Game-Book*, das die wichtigsten Fakten zu der von ihnen im Wargaming dargestellten Firma nebst Informationen über alle anderen Teams enthält. Gepaart mit ihrem Wissen von den Schwächen des eigenen Unternehmens macht sie das zu gefährlichen Gegnern des Firmenteams.

Das Marktteam

Das Marktteam repräsentiert die Abnehmer auf dem Markt. Es vergleicht die Angebote der verschiedenen Unternehmen und bewertet diese. Dieses Team besteht zweckmäßigerweise aus Marktexperten des eigenen Unternehmens oder aus externen Experten oder einer Kombination beider Gruppen. Das Marktteam definiert mithilfe von Recherchen, Erfahrung und Intuition die vermuteten Marktanteile der auf dem Markt agierenden Unternehmen. Das Team fällt seine Entscheidungen auf der Grundlage von Zahlen, Daten und Fakten, die ihm vom Wettbewerberteam in unterschiedlichen Simulationsphasen ausgehändigt werden.

Das Kontrollteam

Das Kontrollteam leitet, moderiert und strukturiert das Spiel nebst Präsentationen und Einsammeln von Rückmeldungen. In ihm sind Branchenexperten und Führungskräfte vertreten. Es kommentiert oder bewertet die Resultate, die von den einzelnen Teams vorgelegt werden.

Dieses Team darf „Schocks" einbauen, mit denen das Spiel in eine gewünschte Richtung gelenkt wird, um Interventionen und Investitionen auszulösen. Zusätzlich kann es auch in die Rolle kleiner Wettbewerber, Regulierer und Interessengruppen schlüpfen. Wenn die Ausgangssituation bzw. Fragestellung die einer Übernahme ist, wird das Kontrollteam meist die Rolle des Aufsichtsrates einnehmen und hätte dann die Aufgabe, eine Übernahme als sinnvoll oder als nicht sinnvoll zu bewerten.

12.3 Der Ablauf des Spiels

In der Regel wird über mindestens drei Runden gespielt. Jede Runde stellt einen bestimmten Zeitraum dar.

Auf den Zeitraum kommt es an

Der Start sollte in der Gegenwart sein. Zunächst sollte ein überschaubarer Zeitraum definiert werden, der zu einem aussagekräftigen Ergebnis beiträgt. Ein zu groß gewählter Zeitraum kann das Ergebnis verzerren. Auch eine zu kurz gewählte Zeit kann sich negativ auswirken. Daher ist genau zu überlegen, was man erreichen möchte. Jede Spielrunde ist ein Entscheidungsprozess, der damit beginnt, dass die konkurrierenden Teams ihre Strategien überprüfen und ihre ersten Handlungsschritte auf ein bestimmtes Resultat hin unternehmen. Diese Handlungsschritte können vielfältiger Art sein, wie etwa die Marktlancierung eines neuen Produktes oder einer neuen Dienstleistung, das Bilden von Allianzen, die Investition in Kapazität oder neue Märkte sowie die Durchführung von Kampagnen in der Kundenkommunikation oder im Lobbying bei anderen Stakeholder-Gruppen.

Dokumentation und Weitergabe

Das Firmenteam dokumentiert seine Entscheidungen und leitet diese Vorlage an das Markt- und Kontrollteam weiter, die auf der Grundlage dieser harten Fakten ihre Entscheidungen fällen. Zusätzlich zu diesem „Input“ haben die Teams Gelegenheit, ihre Angebote dem Marktteam zu präsentieren (und den anderen Teams als Vertreter aller weiteren Marktteilnehmer). So haben an bestimmten Punkten der Simulation alle Parteien – wie in der Realität – wieder denselben Informationsstand, aufgrund dessen sie die nächsten Schritte unternehmen können.

Die sich aus dem Arbeitsauftrag ergebende Fragestellung wird nun von den Teams aus verschiedenen Blickwinkeln betrachtet und bearbeitet.

Die Spielrunden

Eine einzelne Spielrunde kann einen ganzen Tag oder mehrere Tage dauern.

Der Arbeitsablauf in den Teams

Am Anfang diskutieren das Firmen- und die Wettbewerberteams die Zahlen, Daten und Fakten, treffen Vereinbarungen, füllen Vorlagen aus und bereiten ihre Präsentationen für die Plenarsitzung vor. Als Nächstes kommen das Markt- und das Kontrollteam zum Einsatz. Sie berechnen die Marktanteile und die quantitativen Auswirkungen, während das Firmen- und das Wettbewerberteam bereits Vorbereitungen für die nächste Spielrunde treffen. Nachdem sie die Resultate vom Markt- und vom Kontrollteam erhalten haben, fahren sie mit den Vorbereitungen fort und passen sie eventuell an. So werden detaillierte Resultate in Form von Gewinn- und Verlustrechnungen und Kennzahlen berechnet sowie Berichte erstellt, die den Ausgangspunkt für die nächste Spielrunde bilden.

Entscheidungen im Team

Die getroffenen Entscheidungen werden dokumentiert und an das Markt- und das Kontrollteam weitergeleitet. Auf der Grundlage der Dokumentationen müssen das Markt- und Kontrollteam die ersten Entscheidungen treffen. Die Teams haben zusätzlich noch die Möglichkeit, dem Markt ihr

Produkt oder ihre Idee zu präsentieren, wodurch der Stand an Informationen über die Teams hinweg ausgeglichen wäre. Dadurch wäre wiederum Realitätsnähe geschaffen.

Aufgaben des Marktteams

Das Marktteam hat nun die Aufgabe, ein Feedback in Form einer Präsentation vorzustellen. Es muss die Attraktivität und das Angebot der Produkte bewerten und vergibt auf der Grundlage dessen Marktanteile. Diese Marktanteile stellen die fiktive Positionierung am Markt dar. Das bedeutet, wer die meisten Marktanteile zugesprochen bekommt, hat den größten Absatz an Produkten am fiktiven Markt. Die Schwierigkeit besteht nun darin, dass die Unternehmen daran denken, dass ein geringer Preis, der zu mehr Marktanteilen führt, auch zu geringeren Gewinnen führt und dies der Ausgangspunkt der zweiten Runde sein wird. Wodurch die Realitätsnähe wieder geschaffen wäre.

Aufgaben des Kontrollteams

Das Kontrollteam fasst die vorgetragenen Fakten des Marktteams in Zahlen und ermittelt die Gesamtgröße des Marktes, die Größe und Verteilung der Marktsegmente und die Gewinnspanne. Doch beinhaltet das quantitative Feedback nur einige wenige Kennzahlen der Investitionsrechnung und Gewinn- und Verlustrechnung. Aus Zeitmangel können diese Rechnungen nicht tiefgründiger ausfallen. Das Feedback des Kontrollteams bildet den Ausgangspunkt für die nächste Runde. Nun muss der, der günstig verkauft hat, auch mit weniger Geldmitteln in die nächste Runde gehen und hat dadurch Nachteile.

Plenarsitzungen

Am Ende aller Spielrunden werden sogenannte Plenarsitzungen abgehalten, in denen eine Reflexion der Erkenntnisse und Ergebnisse abgehalten wird. Anhand von Vorschlägen werden die Qualität und die Strategien bestimmt. Nach der Bewertung werden die erfassten Daten von Experten ausgewertet und es werden Trends und Handlungsmuster analysiert und dokumentiert. In der Regel wird nach ca. einer Woche eine sogenannte Empfehlung zur Anpassung der Ausgangsstrategie vorgelegt.

Kontaktsperre

Wichtig beim Wargaming ist, dass die Teams während der Ausarbeitung keinen direkten Kontakt zueinander haben, sich nicht sehen oder hören können. Dadurch könnten die Strategien oder die Entscheidungen in erheblichem Maße voneinander beeinflusst werden. Dies könnte zu einer Verfälschung der Ergebnisse führen. Das Kontrollteam kann wichtige Informationen über einen Verteiler an alle Teams senden, ohne dass ein direkter Kontakt zueinander entsteht.

12.4 Vor- und Nachteile des Wargaming

Die richtige Richtung führt zur Strategie

Business-Wargaming hilft, fundierte Entscheidungen zu treffen. Aber die Ergebnisse sind nicht immer in der Realität anwendbar, da es zusätzlich unvorhersehbare Ereignisse und Aktivitäten gibt. Ein Verlauf lässt sich nicht hundertprozentig vorhersagen. Es lässt sich nur eine tendenzielle Richtung bestimmen, die in eine Grundlagenstrategie mündet. Doch das Durchspielen von möglichen Wegen, die das Unternehmen oder Produkt gehen könnte, hilft bei der Bestimmung der richtigen Strategie. Abschließend lassen sich Erkenntnisse über den Markt, die Wettbewerber und die eigene Strategie generieren, die ein gekonntes Change-Management des eigenen Unternehmens ermöglichen.

Ein Wargaming ist eine zeitaufwendige Veranstaltung. Sie steht und fällt mit den richtigen Akteuren, einer positiven Einstellung und der guten Vorbereitung.

13. Das Eltviller Modell des Zukunftsmanagements

Pero Mićić verdanken wir ein Vorgehensmodell der Zukunftsaufklärung, das als Eltviller Modell des Zukunftsmanagements in die Diskussion eingegangen ist. Der Modellkonstrukteur Mićić versteht seinen Vorgehensentwurf als Denk- und Handlungsrahmen für das Zukunftsmanagement. Er ist der Meinung, dass die üblichen Szenarioansätze zu kurz greifen, um die Zukunft zu erfassen. Demgegenüber soll das Eltviller Zukunftsmodell helfen, „den komplexen Denkgegenstand Zukunft mit System und Struktur zu bearbeiten und dabei jederzeit den Überblick zu wahren", Risiken frühzeitig zu erkennen und Chancen wahrzunehmen (Mićić, 2006).

Konzeptionelle Hülle mit ...

Zu diesem Zweck werden zukunftsrelevante Fragestellungen in eine konzeptionelle „Hülle" eingefügt, sodass die vom Modell beabsichtigte Logik des Vorgehens gesichert ist. Dem dienen Arbeitshilfen wie Checklisten und Fragebögen und Bewertungsraster.

Das Eltviller Modell basiert auf diesen Hauptelementen:

... diesen Elementen

- Prozessmodell mit dem Zukunftsradar als Einleitungsphase, den fünf Brillen und der Institutionalisierungsphase
- Ergebnismodell

Vorarbeit: Informationsgewinnung mit dem Zukunftsradar

Sie müssen sich die Informationen über relevante Zukunftsfaktoren selber besorgen. Der Zweck des Zukunftsradars ist es, Trends oder Signale aufzuspüren, mit denen sich Entwicklungen abzeichnen. Gerade schwache Signale haben unterschiedlichen Charakter. Es kann sich bei ihnen um Pressenachrichten, Gerüchte, Publikationen, Konsumgewohnheiten, Moden oder auch neue Begriffe handeln. Sie sehen also, wie wichtig eine gute Informationsversorgung Ihres Unternehmens ist.

- Sammeln Sie Informationen kontinuierlich und analysieren Sie sie.
- Greifen Sie Signale aus dem Unternehmensumfeld *real time* auf.

Signale der Diskontinuität

Sehr schwache Signale, die bezüglich Herkunft und Auswirkung nicht einzuordnen und folglich unbestimmt und unsicher sind, deuten jedoch immer eine Diskontinuität an. Im Laufe der Zeit verstärken sich die Signale, bis sie plötzlich zu harten Fakten geworden sind. Es ist nun Ihre Aufgabe, darin Chancen oder Risiken zu erkennen und entsprechend zu reagieren. Michael Porter schreibt: „Marktsignale zu ignorieren heißt so viel, wie die Konkurrenten selbst zu ignorieren." (Porter, 1983, S. 112)

13.1 Die fünf elementaren Prozessschritte

Das Eltviller Modell basiert auf fünf grundlegenden Perspektiven, die Sie jeweils durch eine gesonderte „Zukunftsbrille" betrachten. Bei diesen Brillen handelt es sich um Metaphern, die für eine bestimmte Art des Denkens und Fragens stehen. Sie werden der Reihe nach je nach Prozessschritt aufgesetzt, sodass Sie Zukunftsentwicklungen aus allen Perspektiven betrachten und systematisch analysieren können.

- **Blaue Brille:** logischer, distanzierter, kritischer und erfahrungsbasierter Blick in die Zukunft
  Aufnahmeanalyse; Blick in die wahrscheinliche Zukunft und Umfeldentwicklung in Form von Annahmen
- **Rote Brille:** zweckpessimistisch
  Diskontinuitätsanalyse; unerwartete Zukunft; Überraschungen
- **Grüne Brille:** kreativ, erforschend und grenzenlos
  Chancenentwicklung; denkbare Zukunftschancen
- **Lila Brille:** realistisch und pragmatisch
  Strategieentwicklung; geplante Zukunft in Form von konkreten Projekten, Zielen und Aufgaben zur Verwirklichung der strategischen Visionen
- **Gelbe Brille:** kritisch-visionär
  Visionsentwicklung; gewünschte Zukunft in Form einer Vision

1. Prozessschritt: Die fundierte Annahmenanalyse über wahrscheinliche Zukünfte

In diesem Schritt definieren Sie die für Sie relevanten Zukunftsfaktoren und bewerten diese hinsichtlich ihrer Stärke für Ihr Geschäft. Mićić definiert die Zukunftsfaktoren als „Trends, Technologien und Themen, die als treibende Kräfte zukünftiger Veränderungen wirken". (Mićić, 2006, S. 64) Er gliedert sie in grundlegende, verstärkende und resultierende Faktoren.

Für diesen Prozessschritt setzen Sie die blaue Brille auf. Sie sollen hier logisch, distanziert, kritisch und erfahrungsbasiert in die Zukunft blicken.

Arten der Zukunftsfaktoren

Zukunftsfaktoren können gesellschaftlicher, technischer oder kultureller Art sein. Sie ergeben sich entweder aus den allgemeinen Zukunftstrends oder aus Ihren eigenen Überlegungen, bestenfalls durch eine Szenarioanalyse fundiert. Es liegt auf der Hand, dass Zukunftsfaktoren in unmittelbarer Wechselwirkung zueinander stehen können. So verstärken beispielsweise der Klimawandel oder die Rohstoffknappheit technologische Entwicklungen oder politische Spannungen.

Zukunftsfaktoren richtig auswählen

Für Sie sind jene Zukunftsfaktoren relevant, die einen erkennbaren Einfluss auf die Beantwortung Ihrer Zukunftsfragen haben. Wählen Sie darum nur solche aus, die langfristig wirken, also mindestens 20 Jahre. Dazu müssen Sie Moden von Trends unterscheiden. Je früher Sie Zukunftsfaktoren erkennen, die für Ihr Geschäft relevant sind, umso wertvoller sind sie. Das gilt insbesondere für die Chancen- und die Überraschungsanalyse. Dabei ist zu bedenken, dass es sich in der Frühphase noch um schwache Signale handelt, oft noch ohne empirische Evidenz.

Zukunftsfaktoren angemessen detaillieren

Eine Detaillierung in primäre (unmittelbare), sekundäre (mittelbare) und tertiäre (entferntere) Zukunftsfaktoren könnte eventuell sinnvoll sein. Auch sollten Sie darauf achten, die Zukunftsfragen angemessen zu detaillieren bzw. auf Ihr Tätigkeitsfeld hin zu konkretisieren. Es kommt auf die „richtige Körnung“ an.

Praktisches Vorgehen:

- Erarbeitung von drei bis acht Annahmefragen
- Erarbeitung von Projektionen und Szenarien möglicher Entwicklungen
- Plausibilitätsoptimierung
- Einschätzung von Erwartungswahrscheinlichkeiten

Relevanz der fundamentalen Zukunftsfaktoren

Bei fundamentalen Zukunftsfaktoren stellt sich immer die Frage der Glaubwürdigkeit bzw. Relevanz. So bieten bereits verbreitete Entwicklungen zwar ein hohes Maß an Glaubwürdigkeit, da die Information schon bekannt ist und diverse Publikationen zu diesem Thema vorliegen. Andererseits hat damit der Zukunftsfaktor auch einen erheblichen Teil seines Neuheitscharakters eingebüßt. Dies bedeutet, dass vielleicht schon die Konkurrenz in diese Richtung denkt und entwickelt und einen Vorsprung erlangt hat.

2. Prozessschritt: Die Chancenentwicklung

Probleme und Chancen sind zwei Seiten ein und derselben Medaille. In diesem Schritt geht es darum, die Zukunft nach Chancen auszuleuchten, um sie frühzeitig zu nutzen.

Für diesen Prozessschritt greifen sie zur grünen Brille. Sie sollen hier kreativ, progressiv und fantasievoll in die Zukunft blicken.

Praktisches Vorgehen:

- Bestimmung der Chancenfragen
- Chancenentwicklung aus Zukunftsfaktoren
- Chancenentwicklung durch Kreativmethoden
- Bewertung der Chancen

3. Prozessschritt: Die Visionsentwicklung

In dieser Phase geht es um die Frage: Wer oder was wollen wir im Jahre 20xx sein? Das Ziel ist eine konkrete und realisierbare strategische Vision, sozusagen der Strang, an dem alle Mitarbeiter in einer Richtung ziehen (vgl. Kapitel A 2).

Für diesen Prozessschritt setzen Sie die gelbe Brille auf. Sie sollen hier kritisch-visionär in die Zukunft blicken.

Praktisches Vorgehen:

- Bestimmung der Visionsfragen
- Erarbeitung alternativer Visionen
- Ermittlung des Visionskerns
- Bestimmung der strategischen Vision
- Bestimmung der Mission bzw. des Leitbildes

4. Prozessschritt: Die Überraschungsanalyse

Die Leitfrage dieses Schrittes lautet: Was könnte bestenfalls oder schlimmstenfalls alles passieren? Also uns überraschen. Daraus ergeben sich weitere Fragen: Wie immunisieren wir uns gegen böse Überraschungen? Welche Chancen stecken in dem Störereignis (vgl. Band 1, Kapitel A 8.4)?

Für diesen Prozessschritt blicken Sie durch die rote Brille. Sie sollen hier zweckpessimistisch in die Zukunft blicken.

Praktisches Vorgehen:

- Bestimmung der Überraschungsfragen
- Erarbeitung von Projektionen und Szenarien möglicher Überraschungen
- Erarbeitung von Projektionen und Szenarien alternativer Zukünfte
- Ermittlung der potenziellen Auswirkungen

5. Prozessschritt: Die Strategieformulierung

Hier angekommen, geht es nun an die Strategieformulierung (vgl. Kapitel A 3).

Für diesen Prozessschritt sollten Sie die violette Brille aufsetzen. Sie sollen hier realistisch und pragmatisch in die Zukunft blicken.

Praktisches Vorgehen:

- Ableitung von Zielen, Benennung von Projekten
- Bewerten, Priorisieren und Entscheiden
- Fristen- und Terminbenennung
- Verantwortlichkeiten definieren

Die anschließende Hauptarbeit: Zukunftsmanagement praktizieren

Jetzt erst beginnt die eigentliche Zukunftsarbeit. Zukunftsziele und -planungen sind umzusetzen. Dazu bedarf es einer

Systematik. Das Wichtigste in dieser Systematik ist die Umsetzung in Form konkreter Handlungen. Das impliziert ein gekonntes Steuern mittels Kennzahlen und Maßnahmen.

13.2 Vor- und Nachteile des Eltviller Modells

Das Eltviller Modell des Zukunftsmanagements bringt das Allerlei an Zukunftswerkzeugen und -konzepten in eine gut durchdachte Systematik. Die Zukunftsplanung wird hier Schritt für Schritt beschrieben. Zugleich werden die Nutzer zu einer umfassenden Betrachtung und Denkweise animiert, da viele Ecken und Nischen des Zukunftsraumes „ausgeleuchtet" werden.

Die dem Modell zugrunde liegende Prozesssystematik könnte als methodische Strenge empfunden werden. Der Anwender sollte es daher für seine besonderen Zwecke kreativ modifizieren.

C

Der Irrglaube an Zukunfts- und Erfolgsregeln

Immer schneller vollzieht sich der Managementmodenwandel. Neue Managementkonzepte überfluten unsere Wirtschaft. Sie sind das Perpetuum mobile des Beratungsmarktes. Die Zyklen werden immer kürzer und die Bereitschaft zum Modewechsel wird immer größer. Welches ist das richtige Zukunftskonzept?

Manch einer verdankt seinen Erfolg den Ratschlägen,
die er nicht befolgte.
BERTRAND RUSSELL

Unternehmensführung mit gesundem Menschenverstand

Viele dieser Rezepte erweisen sich bei genauerem Hinsehen als Seifenblase. Kaum wurde das eine Konzept umgesetzt, wird schon wieder ein neues und angeblich noch besseres angeboten. Mit ihnen wird nicht mehr nur Erfolg, es werden Quantensprünge und Megasuccess versprochen. Hermann Simon schrieb in seiner Untersuchung über *Die heimlichen Gewinner*, dass sich Spitzenunternehmen vom gesunden Menschenverstand leiten lassen. An grundlegenden und erfolgreichen Managementpraktiken habe sich im Zeitablauf nicht viel verändert. Anstatt jeder neuen Managementmode nachzulaufen und irgendeinen Aspekt der Unternehmensführung einseitig zu übertreiben, sollten Unternehmen ihren bewährten Methoden weiterhin folgen und diese ständig weiterentwickeln. Aber viele unserer Manager neigen zu Fremdlösungen, anstatt sich mit Problemen gründlich auseinanderzusetzen und die eigenen Gehirnzellen zu nutzen.

Fragen an die Managementliteratur

Sind sogenannte Erfolgsrezepte wirksam oder werden sie nur zum Zwecke des Gelderwerbes publiziert? Sind die millionenfach verkauften „Unternehmensbibeln“ von Peters & (Zunft)Partner geeignet, *den* richtigen Weg in die Zukunft und auf das Siegertreppchen zu finden? Gibt es überhaupt „Naturgesetze“ des Erfolges? Und warum wird die Managementliteratur zusehends von einer verwirrenden, von falschen Anglizismen getränkten und semantisch unsinnigen

Sprache geprägt? Wer sich beispielsweise noch in der deutschen Sprache auszudrücken pflegt, gerät heutzutage in den Verdacht von Inkompetenz.

Phil Rosenzweigs Zweifel

Mannigfaltige Zweifel sind angebracht. Phil Rosenzweig beispielsweise formulierte jüngst in seinem Buch *Der Halo-Effekt* die längst überfällige Antithese zu den Tausenden Managementrezeptbüchern, die sich in ihren Titeln und Versprechungen übertreffen. Nachfolgend werden seine Erkenntnisse mit eigenen Eindrücken skizziert.

1. Das Beispiel ABB

Über viele Jahre hinweg galt der ABB-Chef Percy Barnevik als Modellfall für einen erfolgreichen Topmanager. Er wurde als Lichtgestalt, als Visionär, Anpacker und großer Stratege hingestellt. Diese „Ausnahmeerscheinung“ unter Europas Topmanagern schien dauerhafte und nachhaltige Performance zu garantieren. Die Wirtschaftspresse überschlug sich in Lobpreisungen für den ABB-General. Alles bei ABB wurde von der Wirtschaftspresse als „top“ interpretiert: die Prozesse, die Qualität der Produkte, die (Matrix-)Organisation, die Unternehmenskultur, das Management und so weiter.

Auf- und Abstieg eines Heroen

In den 1990er-Jahren verlor ABB Marktanteile, schrieb rote Zahlen – und das trotz des „Wunderstürmers“ Barnevik. Man hatte auch an den bewährten Erfolgsprinzipien festgehalten, an der Organisation, der Kultur, der Strategie usw. Der Konzern wurde von denselben Managern geführt. Alles war so wie vorher. Aber der Abstieg schien unaufhaltsam. Plötzlich erkannten *Business Week* und andere Wirtschaftspublikationen Mängel im Konzern oder charakterliche Defizite in der Persönlichkeit des Vorbildmanagers Barnevik. Alles, was vorher positiv gedeutet wurde, erschien plötzlich negativ. Die flexible Unternehmensstruktur war jetzt Ursache für Konflikte und chaotische Zustände. Das Glas war nicht mehr halb voll, sondern halb leer. Während man vorher nur die Vorteile ins Licht gerückt hatte, waren es nun die Nachteile. Die Presse holte Barnevik vom Siegerpodest herunter und setzte ihn auf die Anklagebank. Der Held von gestern galt jetzt als Narzisst.

Fazit

Fazit: Sobald ein Beobachter von einem guten Resultat ausgeht, neigt er dazu, die Akteure und den Entstehungsprozess ebenfalls positiv zu bewerten. Umgekehrt fällt bei einem Negativergebnis die Bewertung negativ aus. Vom wirtschaftlichen Erfolg wird bedenkenlos auf die Führungsmannschaft, die Unternehmenskultur, die Fertigung, das Marketing und den Vertrieb geschlussfolgert.

2. Der Halo-Effekt als Irrtumsursache

ABB ist ein Beispiel von vielen, denen man den sogenannten Halo-Effekt zuordnen kann. Der Halo-Effekt beschreibt auch das Phänomen von Streulicht, das auch andere Dinge der Umgebung zum Leuchten bringt, die sonst eher im Dunkeln geblieben wären.

Das Beispiel High-Potential

Personalchefs kennen dieses Phänomen. Dem Bewerber mit einem Einserdiplom einer Eliteuniversität werden alle nur denkbaren Fähigkeiten zugeschrieben, weil die Note große Ausstrahlungskraft hat. Das Prädikatsexamen verleitet zu der Schlussfolgerung, dass es sich um einen multifunktionell einsetzbaren *High-Potential* handelt.

Das Beispiel ABB

Ähnlich verhielt es sich bei ABB. Der Analogieschluss lautete: hohe Performance = effiziente Prozesse + optimale Organisation + gute Manager + Top-CEO. Das Urteil korrespondierte mit der Art und Weise, wie das Unternehmen gerade am Markt wahrgenommen wurde. Daraus resultieren die Irrtümer über modernes Management, worauf Rosenzweig hinwies.

2.1 Die Irrtumsquelle Recherche

Die wichtigste Irrtumsquelle liegt in der Art und Weise der Recherche. Das Gros der empirisch fundierten Rezeptbücher basiert auf Befragungen von Führungskräften erfolgreicher Unternehmen. Fragt man diese: „Worin sehen Sie die Ursachen Ihres Erfolges?“, werden sie den Weg zum Erfolg ebenfalls positiv bewerten. Sind die Unternehmen jedoch gerade neben der Erfolgsspur, fällt die Bewertung entsprechend kritisch aus: „Anderswo kann billiger produziert werden als bei uns." Oder: „Wir hatten unklare Ziele." Oder: „Wir haben ein neues Management."

Die unterschiedliche Wahrnehmung von Führungskräften und Mitarbeitern

In vielen Mitarbeiterbefragungen, die der Autor dieses Buches durchgeführt hat, fielen die Antworten der Vorgesetzten stets positiver aus als die der Mitarbeiter, insbesondere bei den Themen Führung und Zusammenarbeit. Selbstbild und Fremdbild klaffen weit auseinander. Es scheint so, als hätten Mitarbeiter und Führungskräfte unterschiedliche Wahrnehmungen.

Assoziation statt fundierter Urteile

Auch Rosenzweig betont, dass weder Mitarbeiter noch Manager neutral sind. Ihre Antworten geben sie im Rückblick und mit Kenntnis vorliegender Ergebnisse. Diese beeinflussen ihre Meinung. Wir bekommen keine Auskunft über die Ursachen von Erfolg oder Misserfolg, sondern lernen die Assoziationen der Befragten kennen (Rosenzweig, 2008, S. 98).

Irrtumsquelle Journalismus

Eine weitere Irrtumsquelle sind externe Berichte bzw. Aussagen über ein Unternehmen, insbesondere in der Wirtschaftspresse. Die Berichte stammen von unternehmensexternen Journalisten und sind durch den oben beschriebenen Analogieschluss beeinflusst.

Urteilsbildung mittels Halo-Effekt

Menschen benötigen offenbar den Halo-Effekt, um sich ein Urteil über Dinge zu bilden, über die sie nicht genau Bescheid wissen. Wer sich ein teures Markenprodukt kauft, geht davon aus, dass Material, Verarbeitung, Verpackung und Design von höchster Güte sind. Genau das passiert auch bei der Beurteilung von Unternehmen.

2.2 Die Performance reicht nicht als Beurteilungsmaßstab

Nach Rosenzweig wäre der Halo-Effekt vermeidbar, wenn man nicht nur die Performance als Beurteilungsmaßstab anlegen würde. Gewinn und Aktienkurs sind natürlich unverzichtbar, um die Leistungsfähigkeit eines Unternehmens zu messen. Aber Erfolge sind nicht nur hausgemacht. Zum Beispiel die weltweite Nachfrage nach Öl und Stahl beflügelt die Aktienkurse von Unternehmen, die diese Produkte anbieten. Selbst schlechte Manager können oftmals das Geldverdienen nicht vermeiden. Man nehme als Beispiel die Vorstände unserer lädierten Landesbanken. Topmanager, die auf schrumpfenden Märkten alle Erfolgsregeln aller Erfolgsbücher in einen Topf werfen und umrühren, werden weniger glänzen als der Praktikant auf Wachstumsmärkten.

Es gibt immer Gewinner und Verlierer

Die Erfolge der einen Firma sind bei einer gegebenen Absatzmenge nur denkbar durch die Malaise der anderen. Wenn beide nun das ganze Repertoire an Erfolgsrezepten anwenden, wird es trotzdem einen Marktführer und ein paar Nachzügler, Gewinner und Verlierer, geben.

3. Die Illusion vom anhaltenden Erfolg

In ihrem Buch *Auf der Suche nach Spitzenleistungen* (1986) ermitteln Tom Peters und Robert Waterman acht Grundtugenden, die für erfolgreiche US-amerikanische Unternehmen charakteristisch seien:

- Primat des Handelns
- Nähe zum Kunden
- Freiraum für Unternehmertum
- Produktivität durch Menschen
- Sichtbar gelebtes Wertesystem
- Bindung an das angestammte Geschäft
- Einfache Organisation
- Mix aus straffer und lockerer Führung

3.1 Immer erfolgreich nach Collins und Porras

Das Erfolgsbrevier von Peters und Waterman löste eine Welle von Veröffentlichungen zum gleichen Thema aus. Viele Autoren begaben sich in ihr Fahrwasser. So auch die Autoren James Collins und Jerry Porras (2006). Ihrer Ansicht nach sind die „Naturgesetze“ für ewigen Unternehmenserfolg:

- Pragmatischer Idealismus (mehr als nur Geld)
- Starke Unternehmenskultur
- Mutige Ziele
- Mitarbeiterentwicklung
- Experimentierfreude und Risikobereitschaft
- Streben nach Spitzenleistungen

Verstoß gegen die „Naturgesetze"

Dass sich nicht alle US-Unternehmen an diesem Masterplan, der stetigen Erfolg verspricht, gehalten haben, ist mittlerweile weithin bekannt: General Motors, Motorola, Citigroup, AIG … die Liste der schwächelnden Unternehmen, die auf staatssozialistische Weise am turbokapitalistischen Leben erhalten werden mussten, ist lang. Aber wozu taugt eine Unternehmensphilosophie, die nicht die Gier der Topmanager und Manager in die Schranken weist?

3.2 Der deutsche Beitrag zur Erfolgsforschung

In der zweiten Hälfte der 1980er-Jahre begann Rolf Berth, zusammen mit einem Team von Unternehmenspraktikern aus ganz Europa, den Zukunftserfolg empirisch in einer neuen Form nachzuweisen. Zu diesem Zweck brachte er zwei Dinge miteinander in Beziehung:

- Die Führungsphilosophie bzw. das beobachtbare Verhalten von ca. 500 Führungskräften
- Deren geschäftlicher Erfolg respektive Misserfolg

Sein Fazit lautet: Ein Unternehmen hat Erfolg und Zukunft, wenn es fünf „Königswege" der Unternehmensführung beachtet (vgl. Berth, 1995).

Unternehmen, die dieses beachten,	sind x Prozent besser als ihre Konkurrenz:
Ergänzendes Aufeinanderzugehen	348
Vertrauensorganisation mit wenig Kontrolle	286
Einmaligkeit	236
Visionäre Orientierung	222
Feindbild	209

Bemerkenswert ist die statistische Genauigkeit der Prozentwerte, die keinerlei Zweifel zu dulden scheint.

3.3 Ist jedes Unternehmen seines eigenen Glückes Zukunftsschmied?

Auch hier stellt sich die Frage nach dem Anteil externer Faktoren am Zukunftserfolg des Unternehmens. Man stelle sich vor, dass ein sehr gut geführtes Unternehmen durch die Insolvenz seines Hauptkunden in die Schieflage gerät. Ist das Unternehmen deswegen schlechter als andere?

Erfolg, das ist eine unberechenbare Mischung aus Talent, Glück und Arbeit, und oft auch ein Missverständnis.
Carl Zuckmayer

Das Märchen vom ewigen Erfolg

Andauernder Erfolg ist ein Märchen. Wenn man die Performancedaten eines Unternehmens unter die Lupe nimmt, wird man ein ständiges Auf und Ab feststellen. Erfolg ist sicher kein Zufall, aber dennoch sehr flüchtig.

Spielregeln der Sieger

Es gibt Unternehmen, die ihre Leistungsfähigkeit um ein Vielfaches steigerten, aber die eigene Performance wird von der Performance anderer Unternehmen beeinflusst. Auch andere Unternehmen kennen die „Spielregeln der Sieger“, so Gertrud Höhler, und wenden diese an. Diese Annäherung vollzieht sich fast automatisch, denn Erfolgsrezepte werden sklavisch imitiert (Hamel, 2001).

Von Consultingdogmen zur strategischen Konvergenz

Hunderttausende Unternehmensberater fördern diese strategische Konvergenz, indem sie jedem Unternehmen das Gleiche erzählen und die *Best Practices* von den Führenden auf die Nachzügler übertragen bzw. sie mit „Consultingdogmen“ infizieren. Diese Konvergenz der Strategien bewirkt tendenziell eine Annäherung der sich abwärtsbewegenden Gewinnspannen.

Fazit Fazit: Das Versprechen, Naturgesetze des Erfolges anzubieten, löst keiner der Erfolgsautoren ein. Es gibt sie auch nicht. Die reale wirtschaftliche Entwicklung von Unternehmen, deren Auf und Ab, widerlegt diese Mär. Die letztendliche Entscheidung über Erfolg oder Misserfolg fällt der Markt. Wenn zudem alle Unternehmen auf der Basis der formulierten Erfolgsfaktoren arbeiteten, müssten sich diese als Folge der strategischen Konvergenz in ihr Gegenteil verkehren.

4. Die Verwechselung von Korrelation und Kausalität, von Ursache und Wirkung

Das Beispiel ist bekannt: In einer Region hat die Anzahl der Neugeburten prozentual gleichermaßen abgenommen wie die Anzahl Störche. Kann man von dieser Korrelation auf eine Kausalität schließen? Natürlich nicht. Aber genau diesen Fehler begehen viele der Rezepteschreiber. Peters und Waterman sind das Paradebeispiel hierfür. Wenn du ein Wertesystem hast, mal straff und mal locker führst, agierst statt zu reagieren usw., kannst auch du in die Liga der Spitzenunternehmen aufsteigen. Doch eine Korrelation allein beweist gar nichts. So wird zum Beispiel der Erfolg eines Unternehmens unter anderem auf die geringe Mitarbeiterfluktuation zurückgeführt. Ist es aber nicht vielleicht umgekehrt? Bewirkt der wirtschaftliche Erfolg nicht eine geringe Mitarbeiterfluktuation? Welche Richtung hat die Kausalbeziehung?

Wir haben ein starkes Bedürfnis nach der einzig wahren Ursache und greifen nach der erstbesten Erklärung. Insbesondere akademisch gebildete Menschen haben eine Vorliebe für klare Ursache-Wirkungs-Beziehungen. Mal ist es die Kundenorientierung, dann die Diversifikation, die von der Kernkompetenz abgelöst wurde. Beim Motivationsguru Jürgen Höller war es einfach nur das positive Denken.

Mit Erfolgsregeln zum Turnaround?

Wenn die Managementerfolgsmethoden gleichsam wie Naturgesetze wirken, dann wende man sie bei notleidenden Unternehmen an und schon müsste der Turnaround geschafft sein. Man denke aktuell an die ein oder andere Landesbank, an Immobilienfinanzierer, Baukonzerne, Werften, an kommunale Versorger, Verkehrsbetriebe oder Fußballvereine.

Manchmal muss man erst verlieren,
um zu lernen, wie man gewinnt.
LEWIS HAMILTON

Die Wirkung rivalisierender Einflussfaktoren

Völlig unbeachtet blieb bisher auch das Verhältnis rivalisierender Einflussfaktoren. So kann ein kundenorientiertes Unternehmen sehr viel Geld in die Kundenpflege stecken, Geld, das an anderer Stelle wie bei der Personalentwicklung fehlt. Ein Unternehmen kann viel Geld in die Personalentwicklung stecken, um erfolgreich zu sein. Aber vielleicht ist es nur deshalb erfolgreich, weil es das nötige Kleingeld hat, um Personalentwicklung zu treiben.

Von Clausewitz lernen

Preußens oberster Strategielehrer, General Carl von Clausewitz, meinte schon vor etwa 200 Jahren, dass militärische Erfolge nur zu einem sehr geringen Grade geplant werden könnten, weil unkalkulierbare Einflüsse oder Ereignisse, sogenannte „Friktionen", jede detaillierte Vorausplanung schon nach wenigen Tagen gegenstandslos machen würden. So könnten Regen, Nebel oder die ermüdeten Soldaten die Ausführung von Befehlen erschweren, sodass der Unterschied zwischen Sieg und Niederlage oft weniger eine Frage mangelnder Begabung eines Armeebefehlshabers sei als das Resultat einer Verkettung von Zufällen oder verpassten Gelegenheiten.

Das Schweizer-Käse-Modell als Erklärungsansatz

Die mitwirkenden Faktoren kann man verschiedenartig benennen und im Wirkungszusammenhang darstellen. Ein Modell aus der Sicherheitsforschung eignet sich sehr gut, um die Bedingtheit und das Zusammenspiel der verschie-

Das Zusammenspiel der Erfolgs- und Misserfolgsfaktoren

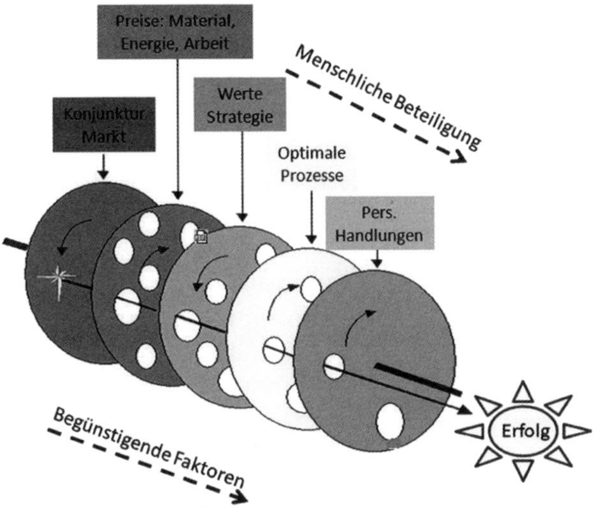

(Quelle: eigene Darstellung nach Reason, 1990)

denen Erfolgs-, aber auch Misserfolgsfaktoren darzustellen. Die Abbildung zeigt das Zusammenspiel der Erfolgs- und Misserfolgsfaktoren.

Die Folgen der Ursachenkette

Jede Scheibe steht für einen Hauptfaktor und die Löcher in den Scheiben stehen für die richtigen Handlungen, optimale Prozesse oder eine wirksame Organisation. Die Anzahl der Scheiben ist beliebig. Jede Scheibe kann für einen anderen Faktor stehen, für Personal, Kapital, Produkte, Angebote, Vertrieb und Kunden. Erst wenn ein Positivfaktor zum nächsten kommt, die Löcher also linear übereinstimmen, gibt es eine sich verstärkende und damit Erfolg auslösende Ursachenkette. Auf prinzipiell gleichem Wege kann man den Misserfolg begründen.

Hintergrund- und Vordergrundfaktoren

Die Scheiben kann man gruppieren in Hintergrund- und Vordergrundfaktoren. Hintergrundfaktoren sind zumeist nicht sichtbare Erfolgsquellen: der Markt, die Konjunktur, Rohstoff- und Energiepreise, Lohn- und Produktionskosten, die Unternehmensstrategie, richtige Entscheidungen in den strategischen Geschäftseinheiten. Sie liegen zeitlich und räumlich weit weg vom Erfolgsort bzw. -zeitpunkt. Vordergrundfaktoren sind erfolgreich verlaufende Projekte, optimal gestaltete Prozesse oder wirksame Handlungen.

Fazit Fazit: Es gibt keine monokausalen Rezepte für den Zukunftserfolg. Viele Einzelfaktoren sind ursächlich miteinander verknüpft. Doch deren Anteil lässt sich nur schwer ermitteln, denn Unternehmensführung spielt sich nicht im Labor ab, sozusagen unter kontrollierten Bedingungen, sondern in einer höchst komplexen und dynamischen Wirklichkeit.

5. Wissenschaftliche Widersprüche und Fragen an die Wissenschaftlichkeit

Millionen Interessierte lasen das Buch *Auf der Suche nach Spitzenleistungen* von Peters und Waterman. Die Autoren beschreiben zu Beginn darin, wie gründlich sie ihre Daten erhoben haben. Zwei Jahrzehnte später gab Tom Peters zu, dass die empirischen Daten nicht ganz „koscher" zustande gekommen waren, sondern erst im Nachhinein konstruiert wurden.

5.1 Beispiel Rolf Berth

Auch bei Rolf Berth und seinem Buch *Erfolg* stellen sich viele Fragen zur Qualität der Datengewinnung. Er legte insgesamt 437 Managern aus 116 Geschäftseinheiten 27 Kärtchen vor, auf denen Statements bzw. wertnahe Aussagen standen. Aus dem, was die Teilnehmer dieser Studie ankreuzten, wurde auf das Wertesystem der Befragten geschlussfolgert.

Ergebnisverfälschung durch Hawthorne-Effekt

Aber eine solche Schlussfolgerung ist unzulässig. Die Benennung eines Wertes sagt nichts über das tatsächliche Verhalten aus. Wenn man Raucher oder Übergewichtige nach ihren Werten befragt, dann setzen auch diese, so wie die meisten Menschen, den Wert „Gesundheit" auf den ersten Listenplatz. Bei Berth steht der Wert „Ergänzendes Aufeinanderzugehen" oben, wobei nicht klar ist, was darunter zu verstehen ist. Aber er klingt so positiv, dass man sich selbst als Egomane gern zu ihm bekennt. Doch das Bekenntnis eines Managers zu diesem Wert beweist nicht dessen Kooperationsfähigkeit (wenn man unterstellt, dass es um Kooperation geht). Darum erscheint es höchst fragwürdig, dieses Bekenntnis mit dem Geschäftsergebnis zu korrelieren. Ist das ergänzende Aufeinanderzugehen tatsächlich für eine Rendite ursächlich, die um 348 Prozent höher liegt als bei den anderen Unternehmen, in dem nicht Aufeinanderzugegangen wird? Das Untersuchungsdesign führt zu der Hypothese, dass Berth dem Hawthorne-Effekt erlag. Das ist jenes Phänomen der gruppenbasierten Beobachtungsstudien, das in den 1920er-Jahren bei Experimenten in den USA entdeckt worden ist. Es besagt, dass Versuchspersonen ihr natürliches Verhalten ändern können, wenn sie wissen, dass sie Teilnehmer an einer Untersuchung sind. Es kann also sein, dass die Ergebnisse einer Studie durch die Studie selbst verfälscht oder erst durch sie hervorgerufen werden. Damit stellt der Hawthorne-Effekt eine mögliche Bedrohung der externen Validität von Untersuchungsergebnissen dar.

3,8 Manager pro Unternehmen als Kraftfeld?

Die Zweifel verstärken sich, wenn man die statistische Basis dieser Prozentberechnungen betrachtet. Berth befragte im statistischen Mittel pro Unternehmen 3,8 Manager. Dass eine von Kollegialität geprägte Einstellung von 3,8 Managern in einem Unternehmen so stark auf das Geschäftsergebnis wirkt, dass eine um 348 Prozent höhere Performance dabei herauskommt, ist mehr als fraglich. Wie wahrscheinlich ist es, dass alle 3,8 Manager ein einheitliches Wertesystem haben? Wie relativieren sich die 348 Prozent, wenn einer der knapp vier Manager oder die nachgeordnete Managementebene andere Wertvorstellungen hat? Es ist wohl kaum vorstellbar, dass die Wertvorstellungen bzw. die Verhaltensweisen einer kompletten Geschäftsführung homogen sind. Wie also ist es möglich, die Wertvorstellungen des Managements als ursächlich für ein besseres Ergebnis von 348 Prozent im Vergleich zu anderen Unternehmen hinzustellen?

Frage mit implizierter Antwort

Wird das Wertesystem der 3,8 Topmanager im Verhältnis 1:1 vom mittleren Management in Führungsverhalten und anschließend ebenfalls 1:1 bei den Mitarbeitern in Arbeitsverhalten umgewandelt? Die Frage impliziert fast schon die Antwort.

5.2 Der Blick aus übergeordneter Ebene und die Folgen

Wenn man einige Managementrezeptbücher nebeneinanderstellt und einen Blick darauf wirft, dann ergibt sich dieses Bild:

- Prof. A von der Universität B weist in einer empirisch fundierten Studie nach, dass bis zu 50 Prozent der Performance ihre Ursache in den gut organisierten Fertigungsprozessen haben.
- Prof. C von der Universität D weist in einer wissenschaftlichen Arbeit nach, dass das Human-Resources-Management bis zu 30 Prozent am Gewinn beteiligt ist.
- Prof. E von der Universität F beweist in seinem Buch, dass die Beschaffung 25 Prozent der Performance beeinflusst.
- Prof. G von der Universität H weist in einer wissenschaftlichen Arbeit nach, dass die Kundenorientierung mit 20 Prozent auf den Erfolg einwirkt.
- Prof. I von der Universität J geht davon aus, dass Corporate Social Responsibility bis zu 40 Prozent gewinnwirksam ist.
- Das Beratungsunternehmen K weist in einer Studie nach, dass der richtige IT-Einsatz 15 Prozent des Gewinns ausmachen kann.

Erkennbare Widersprüche aus der Vogelperspektive

Addiert man die genannten Prozentwerte und betrachtet die Ergebnisse aus der Vogelperspektive, dann stellt sich die Frage: „Bedeutet Prozent wirklich ‚von einhundert'?" Sicherlich ist jede dieser Studien wissenschaftlich sauber erarbeitet worden, aber von der Metaebene her scheint irgendetwas nicht zu stimmen. Zu bedenken ist auch, dass jeder der Professoren einer bestimmten Disziplin angehört und deren Wert höher einschätzt als andere Themen.

Zur Notwendigkeit einer Studie über Studien

Größte Vorsicht ist auch bei Studien geboten, die auf der Tastatur von Beratungsunternehmen entstanden sind. Es gibt natürlich sehr gute Forschungsarbeiten, aber sehr viele Banalstudien dienen nur dem Zweck der Werbung. Der Name des Beratungsunternehmens wird genannt. Empirisch arbeitenden Sozialforschern stehen die Haare zu Berge, wenn sie die Fragestellungen lesen und den Aufbau der Fragebögen sehen. Es ist höchste Zeit für eine Studie über den Wert von Studien.

5.3 Widersprüchliche Erkenntnisse und Empfehlungen

Das gemeinsame Interesse von Wissenschaftlern ist die Wahrheit. Aber warum fällt sie bei den unternehmerischen Erfolgsfaktoren so unterschiedlich aus? Mit den unternehmerischen Erfolgsfaktoren verhält es sich ähnlich wie mit Gesundheitstipps. Der Nichtraucher, Nichttrinker, Sportler, Normalgewichtige und stressfrei Berufstätige und glücklich lebende Mensch hat gesündere Perspektiven als der Dauersünder in Sachen Bewegung, Ernährung und Lebensführung. Aber diese Chancen sind keine Garantie für ein langes gesundes Leben. Es gibt Einflussfaktoren, die außerhalb der Einflussnahme liegen: Luftverschmutzung, Verkehrslärm, familienbedingte Krankheiten, Allergieanfälligkeit, um nur einige Beispiele zu nennen.

Was ist noch richtig?

Täglich gibt es neue Empfehlungen zur gesunden Ernährung, aber meist sehr widersprüchliche. Ist unsere gute Butter wirklich gut oder pflanzliches Fett nicht viel gesünder? Der eine Wissenschaftler weist den hohen Ernährungswert der Butter nach, der andere den der Margarine. Vegetarische Kost oder nicht vegetarische Kost? Was soll man essen? Ist es gut, fettarm zu essen, so wie es gut ist, sich kundenorientiert zu verhalten?

Zeitlose Widersprüche

Die eine Beratungsfirma empfiehlt, sich auf Kernkompetenzen zu konzentrieren, während die andere sich gegen das Mantra der Kernkompetenz wendet und nachweist, dass Konglomerate absolut nicht weniger erfolgreich sind als fokussierte Unternehmen. Man erinnere sich: Noch vor 15 Jahren wurde Diversifikation als Heilmittel für den Geschäftserfolg gepriesen. Die Lehrbücher waren voll von Empfehlungen. Dann lautete vor zehn Jahren das Credo „Fokussierung". Und mittlerweile wird wieder zugekauft, diversifiziert, weil genug Geld für das Spiel „Rein in die Kartoffeln und raus aus den Kartoffeln" vorhanden ist. Krise? Vergessen Sie's! Aber wer hat recht? Es ist wie mit der Bibel: Das Alte Testament ist ein Wunder an Widersprüchen. Das Neue Testament auch.

5.4 Nochmals zu Ursache und Wirkung

Die unterschiedlichen Untersuchungsergebnisse von Herzberg et al. (1959) und Benjamin Schneider (2004) über Mitarbeiterzufriedenheit sind Paradebeispiele für die Widersprüchlichkeit von Erfolgsfaktoren.

Die Meinung von Herzberg ...

Frederick Herzberg, Bernard Mausner und Barbara Bloch Snyderman wiesen in den 1950er-Jahren nach, dass sich Zufriedenheit nicht mehr mit den herkömmlichen Methoden der „Außensteuerung", also extrinsisch über Geld oder

Arbeitsbedingungen, erreichen lasse. An ihre Stelle seien intrinsische (innere) Motive getreten. Dazu zähle die Arbeit an sich, Verantwortung und Erfolg. Sie benutzten hierfür die Begriffe *satisfiers* und *dissatisfiers*, die mit *Motivatoren* und *Hygienefaktoren* übersetzt wurden. Ihre Erkenntnisse waren neben Maslows Bedürfnispyramide das geltende Credo der Motivationstheorie.

… und die von Schneider

2004 veröffentlichte Benjamin Schneider die Ergebnisse einer auf sieben Jahre angelegten Studie über den Zusammenhang von Mitarbeiterzufriedenheit und Unternehmensperformance. Letztere gehört zur Gruppe der zwar leistungsnotwendigen, aber nicht leistungssteigernden Hygienefaktoren. Das Ergebnis? Die in Anlagen- und Aktienrendite gemessene Performance wirke sich stärker auf die Mitarbeiterzufriedenheit aus als umgekehrt die Mitarbeiterzufriedenheit auf die Erfolgszahlen. Anders ausgedrückt: Nicht Mitarbeiterzufriedenheit ist für den Unternehmenserfolg ursächlich, sondern der Erfolg für die Zufriedenheit.

5.5 Der Vergleich von Äpfeln mit Birnen

Ein Blick in die Managementliteratur zeigt, dass die Erfolgsrezepte aus großen Kapitalgesellschaften stammen, aus großen „Siegerunternehmen“, die, wenn es mal nicht so läuft, auch besonders viel Geld vom Staat nehmen. Der wissenschaftliche Begriff für eine solche Herangehensweise lautet: Stichprobenauswahl auf Basis einer abhängigen Variable oder auch ergebnisabhängige Stichprobenauswahl. Das aber verengt den Blick. Man kann die dort praktizierten Regeln beispielsweise nur bedingt auf personen- oder familiengeführte Unternehmen übertragen.

Methodische Fehler

Zum Vergleich: Angenommen, man will die Ursachen von Magengeschwüren herausfinden. Es wäre methodisch falsch, nur an der Gruppe der Magenkranken zu forschen, ohne eine gesunde Vergleichsgruppe. Der methodische Fehler besteht darin, dass die Stichprobenwahl auf der Grundlage einer abhängigen Variablen beruht. Methodisch zuverlässiger wäre es, zu klären, was die nicht erfolgreichen Unternehmen *nicht* machen und ob sie *deswegen* nicht erfolgreich sind.

Berater als Erfolgspropagandisten

Der Siegervergleich erklärt sich auch daraus, dass die Autoren als Berater mit den genannten Großunternehmen verbunden sind und deren Erfolge implizit als Folge ihrer Beratungsleistung hinstellen. Hinzu kommt, dass nur von größeren und damit publizitätspflichtigen Unternehmen aussagefähige Analysedaten vorliegen.

Fazit

Fazit: Wissenschaftler kommen zu unterschiedlichen, ja gegensätzlichen Erkenntnissen der unternehmerischen Erfolgsfaktoren. Die resultieren aus ihrer unterschiedlichen fachlichen Perspektive und Gewichtung der Themen. Teilweise sind ihnen grobe handwerkliche Fehler in der empirischen Vorgehensweise vorzuwerfen und eine finanzielle Abhängigkeit von den untersuchten Unternehmen.

6. Binsenweisheiten oder Erfolgsrezepte?

Vieles von dem, was empfohlen wird, erweist sich bei genauerem Hinsehen als Binsenweisheit, als etwas, was man als allgemeine Vernunft bezeichnen könnte. Früher waren die Abreißkalender beliebter als heute, nur die Sprüche auf den Rückseiten der Kalenderblätter sind wohl gleich geblieben. Was uns die Erfolgsautoren anbieten, ist dem Gehalt der Sprichwörter dieser Kalender nicht unähnlich.

6.1 Peters/Waterman: Erfolgsfaktor „Primat des Handelns"

Dieser Erfolgsfaktor steht bei Peters und Waterman an erster Stelle. Ist diese Erkenntnis so neu?

Aller Anfang ist schwer

Am Anfang war eine Idee, dann das Wort. Dem sollte eine Handlung folgen, die in ein Ergebnis mündet. Es reicht nicht, sich die Zukunft vorzustellen, man muss sie auch aufbauen. Nur reale Ergebnisse bewirken Entwicklung. Das aber setzt das Wagnis des Anfangens voraus. Doch der Anfang und die Aktion sind die schwächsten Glieder im Fortschrittsprozess.

Sich regen bringt Segen

Es hat keinen Zweck, darauf zu warten, dass das Schicksal nachhilft, sondern man muss dem Schicksal nachhelfen. Wer Erfolg will, muss Gelegenheiten erkennen, Chancen ergreifen, Probleme lösen und Herausforderungen annehmen. Es gilt die Weisheit „Sich regen bringt Segen". Erfolg stellt sich nur dort ein, wo tatsächlich etwas e-r-f-o-l-g-t-e. Nur wer sich bewegt, hat die Chance, über etwas zu stolpern, was ihn auf neue Ideen bringt. Wer aber im Sitzen auf den Erfolg wartet, kann über nichts stolpern. Wichtig ist es, dass man das Aufstehen zumindest probiert. Do it, try it, fix it!

Beispiele gefälligst?

Es gibt nichts Gutes, außer man tut es.
ERICH KÄSTNER

Ein kühnes Beginnen ist ein halbes Gewinnen.
HEINRICH HEINE

Die Tat spricht lauter als der Mund.
JAPANISCHE WEISHEIT

Peters und Waterman haben die seit altersher auf Abreißkalendern formulierten Weisheiten mit Unternehmensbeispielen angereichert und das als empirischen Befund hingestellt. Wow!

Zum Nachschlag

Tipp: Ein Abreißkalender kostet weniger als ein Buch von Peters und Waterman und bietet neben sprichwörtlichen Wahrheiten zum Beispiel auch geistvolle Aphorismen und Kochrezepte delikater Speisen, von denen man im Gegensatz zu mancher Lektüre gern Nachschlag nimmt.

6.2 Collins/Porras: Erfolgsfaktor „Pragmatischer Idealismus"

Weniger als Binsenweisheit, sondern eher als ideologischer Täuschungsversuch erscheint die bei Collins und Porras auf Platz 1 stehende Metatugend von Spitzenunternehmen, „Mehr als nur Gewinne", die sie mit *Pragmatischer Idealismus* betiteln. Sie kommen zu dem Ergebnis, dass Spitzenunternehmen nicht primär Gewinne erwirtschaften wollen, sondern diese benötigen, um die „eigentlichen Endziele" zu erreichen. Gewinne seien nur das notwendige Mittel und das Maß für den Erfolg. Also wenn beim Marlboro-Reiter die Kasse klingelt, dann will das Unternehmen Philip Morris „das Recht auf persönliche Entscheidungsfreiheit wahren". Man fragt sich nur, wem dieses Recht eingeräumt wird und was es dann damit konkret auf sich hat. Beim Unternehmen Merck will man gar die Erhaltung und die „Verbesserung des menschlichen Lebens" erreichen, wobei nicht klar ist, ob es die eigene Lage verbessern will oder Ihre. Der Mischkonzern General Electric will die „Lebensqualität durch innovative Technologien verbessern". Im Umkehrschluss heißt das, unsere Abhängigkeit von kryptischen Betriebsanleitungen und Geräten, die niemand braucht, wird steigen.

Idealismus oder Bezahlung?

Zwar sehen diese US-amerikanischen Modellunternehmen Rentabilität als Voraussetzung für den Fortbestand des Unternehmens, aber sie ist kein Ziel an sich. Hier stellt sich die Frage, was die Finanzanalysten und renditeorientierten Fondsmanager zur Zweitplatzierung des Gewinns meinen. Wie passt der Grundsatz „Mehr als nur Gewinne" zur gewinnabhängigen Bezahlung der Topmanager?

Wenn Unternehmen die Liebe zur Weisheit entdecken

Diese „Endziele", bei denen es sich genau genommen um Absichtserklärungen handelt, werden dann auch noch „Unternehmensphilosophie" genannt. Wenn Unternehmen die „Liebe zur Weisheit" entdecken, muss man sich zunächst auf steigende Preise und keinesfalls auf neue Weisheiten einstellen.

Ökonomischer Pragmatismus vor Idealismus

Für den mittelständischen Unternehmer oder gar den Existenzgründer hat die Empfehlung „Mehr als nur Gewinne" wenig Wert. Unternehmensphilosophie hin oder her, oftmals zählt nur, dass man seine Rechnungen bezahlt, das Finanzamt um Geduld bittet und ansonsten seine Produkte oder Dienstleistungen optimiert. Für eine philosophische Reflexion über den Daseinszweck seines Unternehmens bleibt kaum Raum. Existenzielle Imperative zwingen zum pragmatischen Ökonomismus, erst danach kann der pragmatische Idealismus kommen.

6.3 Berth: Erfolgsfaktor „Ergänzendes Aufeinanderzugehen"

Das gilt in noch stärkerem Maß für die Befunde des Nobelpreisaspiranten Rolf Berth. Der für ihn wichtigste Faktor des unternehmerischen Erfolges lautet „Ergänzendes Aufeinanderzugehen". Das ist eine weitgefasste Umschreibung für Kontakt, Kollegialität und Solidarität. Diese Begriffe synthetisieren sich zu einer Geisteshaltung, bei der die Stärken und Schwächen des anderen akzeptiert und synergetisch genutzt werden. Laut Berth liegt das Ergebnis bei Unternehmen, die von Kollegialität und Solidarität geprägt sind, um 348 Prozent höher als bei solchen, die dieses Prinzip nicht pflegen.

Erfolgsregel oder Metafloskel?

Ergänzendes Aufeinanderzugehen hat den Charakter einer Metafloskel, die auf viele Situationen passt. Austausch und gegenseitige Hilfe sind wichtige Korrektive gegen die Egozentrik unserer Gesellschaft. Insofern leistet das Aufeinanderzugehen einen wertvollen Beitrag, den internen Druck in Unternehmen erträglich zu machen. Diese „Botschaft der Nächstenliebe" ist uneingeschränkt zu befürworten. Aber ist sie deshalb die wichtigste Erfolgsregel? Sie klingt nicht nach Management, sondern eher nach gruppendynamischer Selbsterfahrung.

Management via Complement ist Arbeitsteilung und Kooperation

Unabhängig hiervon stellt sich die Frage, ob das Aufeinanderzugehen nicht ein Teil unseres normalen Umgangs ist. Der Homo sapiens benötigte seit Urzeiten die Herde und Meute für sein Überleben. Die einen jagen, andere sammeln und die Alten kümmern sich um die Jungen. Das war Arbeitsteilung zu einer Zeit, als es dieses Wort noch nicht gab, aber die Sache lebensnotweniger war als heute. Arbeitsteilung und Marktgeschehen basieren auf dem Konzept des Managements via Complement, wie Berth seine Erfolgsformel nennt. Der Mensch war immer auf den ergänzenden Austausch mit anderen Menschen angewiesen. Die Menschheitsgeschichte ist auch die Geschichte von Kooperationen. Revolutionen und Innovationen basieren auf der Begeisterung und dem Zusammenwirken von Gleichgesinnten. Das Aufeinanderzugehen ist also keine spezifisch unternehmerische Erfolgsregel, was aber nicht bedeutet, dass sie unvernünftig wäre.

Alphatiere, die aufeinander zugehen – gibt's das?

Es stellt sich weiterhin die Frage, wie ein Manager die Lücken des anderen erkennt, um sie zu schließen. Manager, die dieses Prinzip praktizieren, müssen empathische Feinfühler sein, um zu wissen, was der andere braucht. Aber wie gut passt das ergänzende Aufeinanderzugehen zu den Alphatieren im Management? Im Unternehmen führt jeder Manager sein Ressort. Fachlich bestehen kaum Ergänzungsmöglichkeiten. Welche Stärken und Schwächen sollen also in den Austausch gehen? Der Austausch ist nur möglich, wenn eine Stärke zur Schwäche des anderen passt, diese also kompensiert.

Karriere oder Nächstenliebe?

Berths Erfolgsregel beinhaltet die Aufforderung „Ändert euch!“. Aber das „Ich ist eine Einbahnstraße“, lehrt uns der Hirnforscher Gerhard Roth. Auch Manager können die Richtung nur schwer ändern. Leider ist das ergänzende Aufeinanderzugehen mit seiner starken Affinität zur Nächstenliebe wenig kompatibel mit dem normalen zwischenmenschlichen Verhalten. Letzteres ist auch von einer gewissen Egozentrik geprägt. „Was nützt mir das?“, fragt das Unterbewusstsein. Besteht der Nutzen in altruistischen Glücksgefühlen, dann geht der Mensch auf andere helfend zu. Aber für wie viele Menschen, insbesondere für welche Manager, trifft dieses zu?

Nochmals Sein oder Bewusstsein

Es muss die grundsätzliche Frage erlaubt sein, ob das Wertesystem des Managements, also Bewusstseinsinhalte, so stark auf das Geschäftsgeschehen wirkt, dass sich die von Berth behaupteten Renditewerte ergeben. Der Grundfehler dieses Ansatzes besteht darin, dass dem Bewusstsein eine reale Kraft zugesprochen wird, die materiell wirksam und messbar sein soll. Das Fazit lautet: Das Bewusstsein prägt das Sein. Die entscheidenden Geschäftsimpulse sollen also aus dem neurologischen Wertesud der Manager kommen.

Zur Dialektik von Sein und Bewusstsein

Wirkt das Wertedenken des Managements so stark auf Mitarbeiterhandlungen, dass 348 Prozent Rendite dabei herauskommen? Natürlich wird kein ernst zu nehmender Wissenschaftler die Rolle von Werten und Ideen, die Bedeutung von Wollen und Verhalten geringschätzen. Aber in der Dialektik von Sein und Bewusstsein behält letztendlich das Sein die Oberhand. Jeder Manager muss sich nach den Gegebenheiten einer Situation richten, bevor er diese nach seinen Vorstellungen umformt. Auch ein Manager ist nicht nur der Regisseur des Unternehmensgeschehens, sondern zugleich auch Darsteller und Zuschauer.

Fazit

Als Fazit dieser das Bewusstsein priorisierenden und das wirtschaftliche Umfeld ausklammernden Sichtweise kommt eine Neuauflage der klassischen Managementtheorie à la Taylor, Mayo und Partner heraus, die das Unternehmen als geschlossenes System sahen.

6.4 Collins/Porras: Erfolgsfaktor „Visionen und Ziele"

Collins und Porras und Berth sehen in Visionen und Zielen wichtige Erfolgsfaktoren. Was ist neu an dieser Erkenntnis? Natürlich sind mutige Ziele und Risikobereitschaft für den Unternehmenserfolg wichtig, aber ebenso für den persönlichen, den politischen, sportlichen, wissenschaftlichen, kulturellen oder militärischen Erfolg. In der intellektuellen Evolution des Menschheitsgeschlechts wurde immer wieder betont, wie wichtig Ziele sind. Schon vor 2000 Jahren schrieb der römische Philosoph Seneca: „Für den, der nicht weiß, welchen Hafen er ansteuert, ist jeder Wind der richtige Wind."

Die statistische Unterlegung von Volksweisheiten

Auch hier hat der Volksmund, das Sprichwort oder der Aphorismus vieles vorweggenommen, was später durch diverse Datenbanken und Statistikprogramme gepresst als managementwissenschaftlicher Befund herauskam. Insofern hat die unternehmerische Erfolgsforschung nichts grundlegend Neues herausgefunden. Immerhin sind elementare Menschheitserfahrungen und Volksweisheiten nun statistisch unterlegt.

Energie aus revolutionärem Idealismus

Ein Blick in die Geschichte genügt, um das energetische Potenzial anspruchsvoller Ziele zu erkennen. Revolutionen sind Beispiele für anspruchsvolle Ziele. Man erinnere sich an „Gleichheit, Freiheit und Brüderlichkeit" oder „Proletarier aller Länder, vereinigt euch!". Revolutionäre sind große Risiken eingegangen und haben nicht selten einen frühen Tod gefunden. Sie hatten Ideale im Kopf, die ihnen Energie für den Kampf gaben.

6.5 Berth: Erfolgsfaktor „Vertrauen"

Noch bevor das Thema Vertrauen zum *Leadership-Hype* wurde, empfahl Berth eine Vertrauensorganisation mit wenig Kontrolle. Für ihn ist Vertrauen einer von fünf entscheidenden Erfolgsfaktoren.

Auch hier hat der Volksmund vieles vorweggenommen.

Das Vertrauen ist die Schwester der Verantwortung.

Südostasiatische Weisheit

Gegenseitiges Vertrauen ist wichtiger
als gegenseitiges Verstehen.

William McDougall

Vertrauen ist gut. Kontrolle ist besser.

Unbekannt

Vertrauen reduziert Komplexität

Die Erfolgsformeln „Ergänzendes Aufeinanderzugehen" und „Vertrauensorganisation" bilden eigentlich eine Einheit. Man geht aufeinander zu, wenn man einander vertraut. Anders würden die Führung und das Zusammenspiel von komplexen Organisationen oder von Firmen mit zwei Mitarbeitern gar nicht funktionieren. Zusammenarbeit ist ohne Vertrauen zwar möglich, aber nicht dauerhaft. Wir setzen Vertrauen als eine Art Vorleistung ein, um Vertrauen zurückzubekommen. Niklas Luhmann lehrt uns: „Vertrauen reduziert Komplexität."

Vertrauen ermöglicht Erfolg

Vertrauen bedeutet nicht Kontrollverzicht. Vertrauen bedeutet, dass jeder die Ziele mit seinen Fähig- und Fertigkeiten erreichen wird. Vertrauen impliziert Kontrolle und die Selbstkontrolle, sodass mit mehr Vertrauen auch die Kontrolle steigt. Die Führungsaufgabe Kontrolle ist ein Balanceakt von Vertrauen und der Ich-mach-es-selber-Mentalität und noch weit genug entfernt von Versagensängsten und Schuldzuweisungen. Wer in einer Atmosphäre gegenseitigen Vertrauens die Kontrolle nicht verliert, wird zu Recht zu den Erfolgreichen gehören.

6.6 Hoher Allgemeinheitsgrad der Erfolgsrezepte

Die Zukunfts- bzw. Erfolgsrezepte der Erfolgsgurus haben einen so hohen Allgemeinheitsgrad, dass die Regeln bzw. Empfehlungen fast immer passen. So erklärt sich, dass die Ratschläge in Büchern für den Persönlichkeits- und Karriereerfolg die gleichen sind wie die in den Erfolgsbibeln für Unternehmen. Sie eignen sich sogar für viele leistungsrelevante Bereiche des gesellschaftlichen Lebens. Aber in ihrer Allgemeinheit haben sie allenthalben den Wert der täglich verbreiteten Horoskope.

Erfolgsfaktoren

Eine geeignete Differenzierung der Erfolgsfaktoren bietet Kurt Nagel (1986) an. Er unterscheidet:

- Generelle Erfolgsfaktoren
- Erfolgsfaktoren der Branche
- Erfolgsfaktoren des Unternehmens
- Erfolgsfaktoren der Unternehmensprozesse
- Erfolgsfaktoren der Projekte
- Abteilungsspezifische Erfolgsfaktoren
- Individuelle Erfolgsfaktoren

Erfolg als Folge von Interdependenz und Dynamik

Das deutet Interdependenz und Dynamik des erfolgsauslösenden Unternehmensgeschehens an, lenkt den Blick auf die Vielzahl beteiligter Faktoren und lässt differenzierte Schlussfolgerungen abseits von Allgemeinplätzen zu. Während es den anderen Autoren darum geht, ihre Klientel glauben zu lassen, Erfolg komme von oben, also die Manager selbst seien für den Erfolg verantwortlich – und wenn jemand so gelobt wird, ist er natürlich eher bereit, für diesen Unsinn zu zahlen –, wird durch Nagel der Blick auf die Selbstverständlichkeit gelenkt, wonach der Austausch im Unternehmen sich nicht nur *top down* vollzieht, sondern auch *bottom up*.

Fazit

Fazit: Es wird viel Popanz um die wissenschaftlich erforschten Zukunfts- und Erfolgsregeln gemacht. Das, was hier empfohlen wird, durchzieht die gesamte Geistesgeschichte, von Seneca über Machiavelli bis hin zu den modernen ökonomischen Theorien. Ohne Mitarbeiterzufriedenheit, Kundenorientierung, Visionen, Ziele, Wissenstransfer, um nur einiges aus dem „Erfolgsvokabular" zu nennen, kann man keine Geschäfte machen und keinen Erfolg erzielen. Ein genauer Blick zeigt, dass es sich um alltägliche Selbstverständlichkeiten handelt. Diese werden einmal durch den „Empirierüttler" geschickt und heraus kommen mit Zahlen geschmückte Binsenwahrheiten. Das Datenmaterial hat keinen Sinn und es vermittelt keine Erkenntnisse. So verwundert es auch nicht, dass ehemals große Unternehmen pleitegegangen sind, aber gewiss hätte sie es auch erwischt, wenn sie nicht an die Erfolgsfaktoren geglaubt hätten. Oder zeigen sich auf unheilvolle Weise die Wirkungen eines weltweit entfesselten Systems, in dem alles auf jeden wirkt und zurückwirkt, um stets neue und unvorhersehbare Wirkungen auszulösen, und das in einer unvorstellbaren Geschwindigkeit, für die der Mensch nicht mehr ausreicht, um alles unter Kontrolle zu behalten?

7. Nicht das Erfolgsrezept, sondern der Markt gewinnt

Niemand wird die Zweckmäßigkeit von Maßnahmen wie Kundenorientierung, Qualitätsförderung, Mitarbeiterentwicklung, Risikofreude etc. bestreiten. Sie sind als „Schmierstoff" für den Erfolg wichtig. Aber auf lange Sicht ist es der Markt, der gewinnt. Der Markt ist der Vorgesetzte des Unternehmers.

Erfolgsrezepte garantieren keinen Erfolg

Fazit: Erfolgsrezepte garantieren keinen Erfolg. Erfolg in einem Augenblick garantiert keinen Erfolg in den nächsten Augenblicken oder in der Zukunft, denn Erfolg zieht Nachahmer an, die bereit sind, noch mehr Kraft zu investieren und größere Risiken einzugehen, um selbst erfolgreich zu werden. Die innerbetrieblichen Wirkungszusammenhänge eines Unternehmens sind so komplex, dass eine Handvoll „Erfolgspillen" kaum ausreicht, um Erfolg herbeizuführen und dauerhaft zu sichern. Letztendlich entscheidet die Genauigkeit der strategischen Anpassung zwischen Unternehmen und Umfeld über den Erfolg. Den aber herbeizuführen, ist ein Puzzlespiel, das nicht immer gelingt, denn der Markt entscheidet letztendlich über Erfolg oder Misserfolg. Aber vielleicht ist es einfach auch nur so, wie es der Unternehmer Philip Rosenthal einmal ausgedrückt hat: „Erfolg im Leben ist etwas Sein, etwas Schein und sehr viel Schwein."

Literaturverzeichnis

Albers, Markus: *Meconomy. Wie wir in Zukunft leben und arbeiten werden – und warum wir uns jetzt neu erfinden müssen (Green Edition)*. Berlin: epuli, 2010.

Ansoff, Igor H.: *Management Strategie.* München: Verlag Moderne Industrie, 1966.

Beck, Ulrich: *Schöne neue Arbeitswelt.* Frankfurt a. M.: Suhrkamp, 2007.

Beck, Ulrich: *Weltrisikogesellschaft. Auf der Suche nach der verlorenen Sicherheit.* Frankfurt a. M.: Suhrkamp, 2007.

Behrens, Stefan: *Möglichkeiten der Unterstützung von Strategischer Geschäftsfeldplanung und Technologieplanung durch Roadmapping.* Berlin: Logos, 2003.

Berth, Rolf: *Erfolg. Überlegenheitsmanagement: 12 Mind-Profit-Strategien mit ausführlichem Testprogramm.* Düsseldorf: Econ, 1995.

Bloch, Ernst: *Das Prinzip Hoffnung.* Bd. 5 der Werkausgabe, Frankfurt a. M.: Suhrkamp, 2004.

Bolz, Norbert: *Persönlichkeitsmärkte – die Arbeit der Zukunft.* In: *Zukunft jetzt!*, hrsg. von Ralf Caspary. Stuttgart: Franz Steiner, 2009, S. 77–92.

Böning, Uwe und Brigitte Fritschle: *Veränderungsmanagement auf dem Prüfstand. Eine Zwischenbilanz aus der Unternehmenspraxis.* Freiburg i. Br.: Hauffe, 1997.

Bono, Edward de: *Serious Creativity. Die Entwicklung neuer Ideen durch die Kraft lateralen Denkens.* Stuttgart: Schäffer-Poeschel, 1996.

Brehmer, Arthur (Hrsg.): *Die Welt in 100 Jahren.* Berlin: Verlagsanstalt Buntdruck, 1910 (Reprint: Hildesheim/Zürich: Olms-Presse, 1988).

Brommer, Ulrike: *Lehr- und Lernkompetenz erwerben. Ein Weg zur effizienten Persönlichkeitsentwicklung.* Wiesbaden: Gabler, 1992.

Buchanan, James M.: *Die Grenzen der Freiheit. Zwischen Anarchie und Leviathan.* Tübingen: Mohr Siebeck, 1984.

Büser, Tobias: *Die Förderung von Soft Skills durch computerunterstütztes Lernen in Unternehmen.* In: *Wirtschaftsinformatik* 42/2000, S. 60.

Burmeister, Klaus und Holger Glockner: *Vom Trend zur Innovation.* In: *Trendforschung. Die Märkte von morgen entdecken.* Bergisch-Gladbach: IHKn Nordrhein-Westfalens, 2006, S. 9–12.

Burmeister, Klaus; Andreas Neef und Bert Beyers: *Corporate foresight – Unternehmen gestalten Zukunft.* Hamburg: Murmann, 2004.

Busch, Heinz: *Planung, langfristige Zielvorstellungen und Zukunftsforschung.* In: *analysen und prognosen,* September 1970, S. 15–18.

Camphausen, Bernd: *Strategisches Management. Planung, Entscheidung, Controlling.* München: Oldenbourg, 2007.

Canton, James: *Extreme neue Welt. Welche Toptrends unsere Zukunft prägen.* Berlin: Econ, 2006.

Collins, James C. und Jerry I. Porras: *Immer erfolgreich. Die Strategien der Top-Unternehmen.* München: Heyne, 2006.

Collins, James C. und Jerry I. Porras: *Visionary companies. Visionen im Management.* München: Artemis und Winkler, 1995.

Czichos, Reiner: *Creaktivität und Chaos-Management.* München/Basel: E. Reinhardt, 1993.

Deutsche Bank Research: *Gesundheitswirtschaft im Aufwind.* Frankfurt a. M.: 2010.

Doppler, Klaus und Christoph Lauterburg: *Change Management. Den Unternehmenswandel gestalten.* Frankfurt a. M./New York: Campus, 2002.

Drucker, Peter F.: *Die Zukunft bewältigen. Aufgaben und Chancen im Zeitalter der Ungewißheit.* Düsseldorf: Econ, 1998.

Drucker, Peter F.: *The Effective Executive: The Definitive Guide to Getting the Right Things Done.* New York: Harper & Row, 1967.

Dychtwald, Ken: *Age Power. How the 21st Century will be Ruled by the New Old.* New York: Tarcher/Putnam 1999.

Fanon, Frantz: *Die Verdammten dieser Erde.* Frankfurt a. M.: Suhrkamp, 2001.

Feldafinger Kreis (Hrsg.): *Forschen für die Gesellschaft: Trends, Technologien, Anwendungen.* Kaiserslautern: 2000.

Fink, Alexander und Andreas Siebe: *Handbuch Zukunftsmanagement. Werkzeuge der strategischen Planung und Früherkennung.* Frankfurt a. M./New York: Campus, 2006.

Fink, Alexander; Oliver Schlake und Andreas Siebe: *Erfolg durch Szenario-Management. Prinzip und Werkzeuge der strategischen Vorausschau.* Frankfurt a. M./New York: Campus, 2002.

Flechtheim, Ossip K.: *Ist die Zukunft noch zu retten?* Hamburg: Hoffmann und Campe, 1987.

Flechtheim, Ossip K.: *Futurologie. Der Kampf um die Zukunft.* Köln: Wissenschaft und Politik, 1970.

Fukuyama, Francis: *Das Ende der Geschichte. Wo stehen wir?* München: Kindler, 1992.

Fuß, Reinhard und Wolfgang Stark: *Kritik, Phantasie und Realisierung – „Zukunftswerkstätten“ und ihr Veränderungspotential.* In: *München WerkStadt der Zukunft.*, hrsg. vom Arbeitskreis „Zukunftswerkstätten“. München, 1991, S. 10–11.

Gälweiler, Aloys: *Strategische Unternehmensführung.* Ausgewählte Schriften, hrsg. von Markus Schwaninger. Frankfurt a. M./New York: Campus, 2005.

Gausemeier, Jürgen; Alexander Fink und Oliver Schlake: *Szenario-Management. Planen und Führen mit Szenarien.* München/Wien: Carl Hanser, 1995.

Gilad, Ben und Markus Götz Junginger: *Mit Business Wargaming den Markt erobern. Strategische Kriegsführung für Manager.* München: Redline, 2010.

Glotz, Peter: *Die beschleunigte Gesellschaft. Kulturkämpfe im digitalen Kapitalismus.* Reinbek: Rowohlt, 2001.

Goudsblom, Johan: *Soziologie auf der Waagschale.* Frankfurt a. M.: Suhrkamp, 1979.

Graf, Hans G.: *Prognosen und Szenarien in der Wirtschaftspraxis.* Zürich: NZZ Libro, 1999.

Hamel, Gary: *Das revolutionäre Unternehmen. Wer Regeln bricht, gewinnt.* München: Econ, 2001.

Hamel, Gary und Coimbatore K. Prahalad: *Wettlauf um die Zukunft. Wie Sie mit bahnbrechenden Strategien die Kontrolle über Ihre Branche gewinnen und die Märkte von morgen schaffen.* Wien: C. Ueberreuter, 1995.

Händeler, Erik: *Geschichte der Zukunft. Sozialverhalten heute und der Wohlstand von morgen.* Moers: Brendow, 2004.

Handy, Charles B.: *Ohne Gewähr. Abschied von der Sicherheit – mit dem Risiko leben lernen.* München: Goldmann, 1999.

Handy, Charles B.: *Die Fortschrittsfalle. Der Zukunft neuen Sinn geben.* München: Goldmann, 1998.

Helmer, Olaf und Theodore Gordon: *50 Jahre Zukunft. Bericht über eine Langfrist-Vorhersage für die Welt der nächsten fünf Jahrzehnte.* Hamburg: Mosaik, 1967.

Herbst, Dieter: *Erfolgsfaktor Wissensmanagement.* Berlin: Cornelsen, 2000.

Herzberg, Frederick; Bernard Mausner und Barbara Bloch Snyderman: *The Motivation to Work.* New Jersey: Transaction Publishers, 1959.

Homburg, Christian und Hartmut Werner: *Kundenorientierung mit System: Mit Customer Orientation Management zu profitablem Wachstum.* Frankfurt a. M./New York: Campus, 1998.

Horx, Matthias: *Die Wissenschaft des Wandels.* In: *Trendforschung. Die Märkte von morgen entdecken.* Bergisch-Gladbach: IHKn Nordrhein-Westfalens, 2006, S. 43–45.

Horx, Matthias: *Wie wir leben werden. Unsere Zukunft beginnt jetzt.* Frankfurt a. M./New York: Campus, 2005.

Horx, Matthias: *Trendbuch 2. Megatrends für die späten neunziger Jahre.* Düsseldorf: Econ, 1995.

Horx, Matthias: *Trendbuch 1. Der erste große deutsche Trendreport.* Düsseldorf: Econ, 1993.

Horx, Matthias und Peter Wippermann: *Was ist Trendforschung?* Düsseldorf: Econ, 1996.

Horx, Matthias und Peter Wippermann: *Trendbuch 2. Megatrends für die späten neunziger Jahre.* Düsseldorf: Econ, 1995.

Hüttner, Manfred: *Prognoseverfahren und ihre Anwendung.* Berlin/New York: Walter de Gruyter, 1986.

Jungk, Robert: *Die Zukunft hat schon begonnen. Amerikas Allmacht und Ohnmacht.* Reinbek: Rowohlt, 1965.

Jungk, Robert und Norbert R. Müllert: *Zukunftswerkstätten. Mit Phantasie gegen Routine und Resignation.* München: Heyne, 1989.

Jungk, Robert und Hans Joseph Mundt (Hrsg.): *Unsere Welt 1985. Hundert Beiträge internationaler Wissenschaftler, Schriftsteller und Publizisten aus fünf Kontinenten.* München: Kurt Desch, 1965.

Kahn, Herman und Anthony J. Wiener: *Ihr werdet es erleben: Voraussagen der Wissenschaft bis zum Jahre 2000.* Wien et al.: Molden, 1968.

Kaku, Michio: *Zukunftsvisionen. Wie Wissenschaft und Technik des 21. Jahrhunderts unser Leben revolutionieren.* München: Lichtenberg, 1997.

Kennedy, Paul: *In Vorbereitung auf das 21. Jahrhundert.* Frankfurt a. M.: Fischer, 1993.

Korte, Karl-Rudolf und Manuel Fröhlich: *Politik und Regieren in Deutschland. Strukturen, Prozesse, Entscheidungen.* Paderborn: Schöningh (UTB), 2009.

Kreibich, Rolf: *Zukunftsfragen und Technologiebewertung.* ArbeitsBericht Nr. 26. Berlin: Institut für Zukunftsstudien und Technologiebewertung, 2006 (a).

Kreibich, Rolf: *Zukunftsforschung.* ArbeitsBericht Nr. 23. Berlin: Institut für Zukunftsstudien und Technologiebewertung, 2006 (b).

Kreibich, Rolf: *Zum Verhältnis von Zukunftsforschung und Freizeitwissenschaft.* ArbeitsBericht Nr. 20. Berlin: Institut für Zukunftsstudien und Technologiebewertung, 2005.

Kruse, Peter: *next practice. Erfolgreiches Management von Instabilität. Veränderung durch Vernetzung.* Offenbach: GABAL, 2004.

Liebl, Franz: *Der Schock des Neuen. Entstehung und Management von Issues und Trends.* München: Gerling-Akademie, 2000.

Lübbe, Hermann: *Schrumpft die Zeit? Zivilisationsdynamik und Zeitumgangsmoral.* In: *Was ist die Zeit?*, hrsg. von Kurt Weis. München: Deutscher Taschenbuch Verlag, 1994, S. 53–80.

Maddox, John: *Was zu entdecken bleibt. Über die Geheimnisse des Universums, den Ursprung des Lebens und die Zukunft der Menschheit.* Frankfurt a. M.: Suhrkamp, 2000.

Malik, Fredmund: *Strategie des Managements komplexer Systeme. Ein Beitrag zur Management-Kybernetik evolutionärer Systeme.* Bern et al.: Haupt, 2006.

Mann, Thomas: *Betrachtungen eines Unpolitischen.* Frankfurt a. M.: Fischer Taschenbuch, 2001.

Marx, Karl und Friedrich Engels: *Der achtzehnte Brumaire des Louis Bonaparte.* Marx-Engels-Werke (MEW), Band 8. Berlin: Dietz, 1960.

Marx, Karl und Friedrich Engels: *Das Manifest der Kommunistischen Partei.* Marx-Engels-Werke (MEW), Band 4. Berlin: Dietz, 1959.

Maslow, Abraham: *Motivation und Persönlichkeit.* Reinbek: Rowohlt, 1984.

Meadows, Dennis L. et al.: *Die Grenzen des Wachstums. Bericht des Club of Rome zur Lage der Menschheit.* Stuttgart: Deutsche Verlags-Anstalt, 1972.

Merz, Friedrich: *Mehr Kapitalismus wagen. Wege zu einer gerechten Gesellschaft.* München: Piper, 2008.

Mićić, Pero: *Die fünf Zukunftsbrillen. Chancen früher erkennen durch praktisches Zukunftsmanagement.* Offenbach: GABAL, 2007.

Mićić, Pero: *Das ZukunftsRadar. Die wichtigsten Trends, Technologien und Themen für die Zukunft.* Offenbach: GABAL, 2006.

Miegel, Meinhard: *Epochenwende. Gewinnt der Westen die Zukunft?* Berlin: Propyläen, 2005.

Minois, Georges: *Geschichte der Zukunft. Orakel, Prophezeiungen, Utopien, Prognosen.* Düsseldorf: Artemis und Winkler, 1998.

Möhrle, Martin G. und Ralf Isenmann (Hrsg.): *Technologie-Roadmapping. Zukunftsstrategien für Technologieunternehmen.* Berlin et al.: Springer, 2005.

Nagel, Kurt: *Die 6 Erfolgsfaktoren des Unternehmens. Strategie – Organisation – Mitarbeiter – Führungssystem – Informationssystem – Kundennähe.* Landsberg: Verlag Moderne Industrie, 1986.

Naisbitt, John und Patricia Aburdene: *Megatrends 2000. Zehn Perspektiven für den Weg ins nächste Jahrtausend.* Düsseldorf: Econ, 1991.

Naisbitt, John und Patricia Aburdene: *Megatrends des Arbeitsplatzes. Von Infrastrukturen zur Lebensqualität.* Bayreuth: Hestia, 1986.

Nefiodow, Leo A.: *Der sechste Kondratieff: Wege zur Produktivität und Vollbeschäftigung im Zeitalter der Information.* Sankt Augustin: Rhein-Sieg, 2007.

Nikles, Bruno W.: Methodenhandbuch für den Studien- und Berufsalltag. Berlin et al.: LIT, 2007.

Nonaka, Ikujiro und Hirotaka Takeuchi: *Die Organisation des Wissens: Wie japanische Unternehmen eine brachliegende Ressource nutzbar machen.* Frankfurt a. M./New York: Campus, 1997.

Olsberg, Karl; Claudia Ruby und Ulf Marquardt: *2057 – Unser Leben in der Zukunft.* Berlin: Aufbau, 2007.

Opaschowski, Horst W.: *Deutschland 2030. Wie wir in Zukunft leben.* Gütersloh: Gütersloher Verlagshaus, 2008.

Oriesek, Daniel F. und Jan Oliver Schwarz: *Business Wargaming. Unternehmenswert schaffen und schützen.* Wiesbaden: Gabler, 2009.

Orwell, George: *1984.* Frankfurt a. M./Berlin: Ullstein, 1990.

Penn, Mark J.: *Microtrends: Surprising tales of the way we live today.* London: Penguin, 2008.

Peters, Tom J. und Nancy K. Austin: *A passion for excellence. The leadership difference.* New York: Warner Books, 1985.

Peters, Tom J. und Robert H. Waterman: *Auf der Suche nach Spitzenleistungen. Was man von den bestgeführten US-Unternehmen lernen kann.* Landsberg: Verlag Moderne Industrie, 1986.

Pfadenhauer, Michaela: *Wie forschen Trendforscher? Zur Wissensproduktion in einer umstrittenen Branche.* In: *Forum Qualitative Sozialforschung,* 5 (2), 2004 (verfügbar über http://www.qualitative-research.net/fqs-texte/2-04/2-04pfadenhauer-d.htm).

Pfeiffer, Ulrich: *Deutschland. Entwicklungspolitik für ein entwickeltes Land.* Hamburg: Europäische Verlagsanstalt/Rotbuch, 1999.

Pillkahn, Ulf: *Trends und Szenarien als Werkzeuge zur Strategieentwicklung. Wie Sie die unternehmerische und gesellschaftliche Zukunft planen und gestalten.* Erlangen: Publicis Corporate Publishing, 2007.

Popcorn, Faith: *Der Popcorn Report. Trends für die Zukunft.* München: Heyne, 1992.

Porter, Michael: *Wettbewerb und Strategie.* Düsseldorf: Econ, 1995.

Porter, Michael: *Wettbewerbsstrategie. Methoden zur Analyse von Branchen und Konkurrenten.* Frankfurt a. M.: Campus, 1983.

Probst, Gilbert J. B. und Peter Gomez (Hrsg.): *Vernetztes Denken – Unternehmen ganzheitlich führen.* Wiesbaden: Gabler, 1989.

Probst, Gilbert J. B.; Steffen Raub und Kai Romhardt: *Wissen managen: Wie Unternehmen ihre wertvollste Ressource optimal nutzen.* Wiesbaden: Gabler, 1999.

Prognos und Deutsche Industriebank: *Die Gesundheitsbranche: Dynamisches Wachstum im Spannungsfeld von Innovation und Intervention. Trendstudie.* Düsseldorf/Basel: 2007.

Reason, James: *Human Error.* Cambridge: University Press, 1990.

Reibnitz, Ute H. von: *Es gibt immer eine Alternative. Entdecken und gestalten Sie Ihre berufliche Zukunft.* München: Kösel, 2006.

Reibnitz, Ute H. von : *Szenario-Technik. Instrumente für die unternehmerische und persönliche Erfolgsplanung.* Wiesbaden: Gabler, 1998.

Reinhardt, Frank A.: *Unternehmen und Produkte brauchen eine Vision.* In: *Trendforschung. Die Märkte von morgen entdecken.* Bergisch-Gladbach: IHKn Nordrhein-Westfalens, 2006, S. 17–18.

Rifkin, Jeremy: *Das Ende der Arbeit und ihre Zukunft. Neue Konzepte für das 21. Jahrhundert.* Frankfurt a. M./New York: Campus, 2004.

Rosenzweig, Phil: *Der Halo-Effekt. Wie Manager sich täuschen lassen.* Offenbach: GABAL, 2008.

Roubini, Nouriel und Stephen Mihm: *Das Ende der Weltwirtschaft und ihre Zukunft. Crisis Economics.* Frankfurt a. M./New York: Campus, 2010.

Rust, Holger: *Nichts ist vergänglicher als die Zukunft. Arbeit und Wirtschaft in der Trendforschung.* In: *Zukunft: Lebensqualität zwischen Arbeit und Wirtschaft.* Dokumentation der Konferenz vom 11./12. Mai 2009, hrsg. von Reinhard Hofbauer und Reinhold Popp. FHS Salzburg, Campus Urstein: 2009 (Werkstattbericht).

Rust, Holger: *Trend-Soziologismen. Die Überfremdung der professionellen Soziologie durch feuilletonistische Nutzwerttheorien und ihre Lieferanten.* In: *Soziologie,* 2, 35/2006, S. 143–160.

Rust, Holger: *Das Anti-Trendbuch. Klares Denken statt Trendgemunkel.* Wien: C. Ueberreuter, 1997.

Schlittgen, Rainer und Bernd H. J. Streitberg: *Zeitreihenanalyse.* München/Wien: Oldenbourg, 2001.

Schneider, Benjamin: *Personality and Organizations.* Mahwah: Lawrence Erlbaum, 2004.

Schneider, Wolfgang (Red.): *100 Wörter des Jahrhunderts.* Frankfurt a. M.: Suhrkamp, 1999.

Schumpeter, Joseph A.: *Kapitalismus, Sozialismus und Demokratie.* Tübingen: Francke, 1987.

Servan-Schreiber, Jean-Jacques: *Die amerikanische Herausforderung.* Hamburg: Hoffmann und Campe, 1969.

Shell Deutschland (Hrsg.): *Jugend 2010.* Frankfurt a. M.: S. Fischer, 2010.

Simon, Hermann: *Die heimlichen Gewinner (Hidden Champions). Die Erfolgsstrategien unbekannter Weltmarktführer.* Frankfurt a. M./New York: Campus, 1996.

Simon, Walter: *Kursbuch Strategieentwicklung. Analyse – Planung – Umsetzung.* München: Redline, 2008.

Simon, Walter: *GABALs großer Methodenkoffer. Persönlichkeitsentwicklung.* Offenbach: GABAL, 2007.

Simon, Walter: *GABALs großer Methodenkoffer. Führung und Zusammenarbeit.* Offenbach: GABAL, 2006.

Simon, Walter: *GABALs großer Methodenkoffer. Managementtechniken.* Offenbach: GABAL, 2005.

Simon, Walter: *GABALs großer Methodenkoffer. Grundlagen der Kommunikation.* Offenbach: GABAL, 2004(a).

Simon, Walter: *GABALs großer Methodenkoffer. Grundlagen der Arbeitsorganisation.* Offenbach: GABAL, 2004(b).

Simon, Walter: *Moderne Managementkonzepte von A–Z.* Offenbach: GABAL, 2002.

Simon, Walter: *Lust aufs Neue. Werkzeuge für das Innovationsmanagement.* Offenbach: GABAL, 1999.

Sloterdijk, Peter: *Versprechen auf Deutsch. Rede über das eigene Land.* Frankfurt a. M.: Suhrkamp, 1990.

Steingart, Gabor: *Die gestohlene Demokratie. Das Wahlbuch 09.* München: Piper, 2009.

Steingart, Gabor: *Weltkrieg um Wohlstand. Wie Macht und Reichtum neu verteilt werden.* München: Piper, 2006.

Steingart, Gabor: *Deutschland. Der Abstieg eines Superstars.* München: Piper, 2004.

Steinmüller, Angela und Karlheinz Steinmüller: *Wild Cards. Wenn das Unwahrscheinliche eintritt.* Hamburg: Murmann, 2004.

Steinmüller, Karlheinz und Angela Steinmüller: *Die Zukunft der Technologien. Ausgangspunkt – 2010 – 2020 – 2050 – plus ultra.* Hamburg: Murmann, 2006.

Stoess, Wolfgang Alexander: *Kundenbindungsmanagement: Eine empirische Studie.* Unveröffentlichte Diplomarbeit, Hochschule Rhein-Main, 2002.

Toffler, Alvin: *Der Zukunftsschock. Strategien für die Welt von morgen.* Bern et al.: Scherz, 1970.

Vahs, Dietmar und Ralf Burmester: *Innovationsmanagement. Von der Produktidee zur erfolgreichen Vermarktung.* Stuttgart: Schäffer-Poeschel, 2002.

Verne, Jules: *Paris im 20. Jahrhundert.* München: Deutscher Taschenbuch Verlag, 1998.

Vester, Frederic: *Die Kunst vernetzt zu denken. Ideen und Werkzeuge für einen neuen Umgang mit Komplexität.* München: Deutscher Taschenbuch Verlag, 2002.

Virilio, Paul: *Rasender Stillstand.* Frankfurt a. M.: S. Fischer, 1997.

Vollmer, Gerhard: *Was können wir wissen? Beiträge zur modernen Naturphilosophie.* 2 Bde., Stuttgart: Hirzel, 2003.

Warnecke, Hans-J.: *Die fraktale Fabrik. Revolution der Unternehmenskultur.* Reinbek: Rowohlt, 1966.

Weber, Max: *Politik als Beruf.* In: *Gesammelte politische Schriften.* München: Drei Masken Verlag, 1921.

Weber, Max: *Die protestantische Ethik und der Geist des Kapitalismus.* Tübingen: Mohr, 1904.

Weisbord, Marvin und Sandra Janoff: *Future Search. Die Zukunftskonferenz. Wie Organisationen zu Zielsetzungen und gemeinsamem Handeln finden.* Stuttgart: Klett-Cotta, 2001.

Womack, James P.; Daniel T. Jones und Daniel Roos: *Die zweite industrielle Revolution in der Autoindustrie. Konsequenzen aus der weltweiten Studie aus dem Massachusetts Institute of Technology.* Frankfurt a. M./New York: Campus, 1992.

Woudenberg, Fred: *An Evaluation of Delphi.* In: *Technological Forecasting and Social Change,* Vol. 40, Sept. 1991, S. 131–150.

Zellmann, Peter: *Die Zukunftsfallen. Wo sie sich verbergen. Wie wir sie umgehen.* Wien: Österreichische Verlagsgesellschaft, 2007.

Personenverzeichnis

Nicht kursive Seitenzahlen verweisen auf Einträge im 1. Band

Stichwortverzeichnis

Nicht kursive Seitenzahlen verweisen auf Einträge im 1. Band